# Lexikon der Motorräder

# Lexikon der MOTORRÄDER

KOMET

Autor: Carsten Heil, unter Mitarbeit von M. Ahlsdorf, D. Becker,
H. Christmann, H. Heiler, D. Mangartz, W. Scheibe,
S. H. Schneider, J. Müller
Fotografien: C. Heil, D. Mangartz, W. Scheibe, S. H. Schneider
Gesamtherstellung: Komet Verlag GmbH, Köln

ISBN 10: 3-89836-616-2
ISBN 13: 978-3-89836-616-8
www.komet-verlag.de

# INHALT

# Einleitung

Firmen mit den unterschiedlichsten Wurzeln beschäftigten sich zum Ende des 19. Jahrhunderts mit motorisierten Zweirädern. Neben Bianchi in Italien

*Das erste in Serie produzierte Motorrad der Welt stammte von Hildebrand und Wolfmüller. Der Zweizylinder-Viertaktmotor mit Glührohrzündung und Wasserkühlung hatte knapp 1,5 Liter Hubraum und leistete 2,5 PS.*

(ab 1897), Adler in Deutschland, Norton in England oder Peugeot in Frankreich (alle ab 1899) gab es auch die Münchner Brüder Wilhelm und Heinrich Hildebrand mit ihrem Partner Alois Wolfmüller oder den Russen Michel Werner mit seinem Bruder Eugène. All diese Herren haben das Wort Motorrad in Umlauf gebracht, die Münchner ließen sich das Wort schützen. 1894 stellten sie den ersten Prototyp zur kommerziellen Fertigung vor, so dass ihr Vehikel als erstes Serienmotorrad der Welt gilt. Das Motorrad der Werners bekam dagegen nach Versuchen mit dem Motor über dem Vorderrad ab 1900 serienmäßig das uns bekannte Aussehen.

## Spitzenpolitik

Wer vorn rennt, hat recht. Und gerannt wird seit 1899, als am österreichischen Exelberg das erste „Rennen für Motocyclettes“ ausgeschrieben wird. Die rasante Entwicklung zeigt bald ein ernsthaftes Problem: Bei hohen Geschwindigkeiten können die Hände den Lenker kaum noch festhalten, geschweige denn zahlreiche Hebel bedienen. Eine Federung war also unabdingbar. Wer wann genau die erste einsetzte, lässt sich schwerlich sagen. Die französische Griffon soll 1903 schon eine gehabt haben. Sicher ist, dass Peugeot im Jahr 1904 mit der Truffault-Gabel eines der modernsten Motorräder hatte. Spätestens Nortons Sieg bei der ersten Tourist Trophy 1907 mit schraubengefederter Trapezgabel markierte den Durchbruch. Bis zum Ersten Weltkrieg hatten alle größeren Motorräder irgendeine Vorderradfederung. Zur gleichen Zeit entstanden auch die ersten Hinterradfederungen. Da sie das Fahren zwar komfortabler, bei höheren Geschwindigkeiten jedoch instabiler machten, verzichtete man im Rennsport noch darauf. Vorn fuhr die 1901 gegründete Marke Indian. Und zwar 1907 bei den Reliability Trials und 1911 bei der Tourist Trophy. Indian hatte ein zuverlässiges Zahnradgetriebe mit zwei Gängen entwickelt, das mittels Kupplung während der Fahrt geschaltet werden konnte: in Kombination mit dem nicht rutschenden Kettenantrieb das überlegene Konzept. Der Fairness halber sei erwähnt, dass Englands Vorzeige-Rennmaschine Rudge 1913 ein Getriebe mit verstellbarer Riemenscheibe hatte, das bis zu 21 Gänge ermöglichte. Das reichte in jenem Jahr für den zweiten Platz in der Senior-TT – und wird eine große Bedeutung bekommen.

## Lauter kleine Stinker

Nach Kriegsende konnten die für das Militär entwickelten Neuerungen auch zivil genutzt werden. Die Motortechnik hatte durch die junge Fliegerei enorme Fortschritte gemacht. Die Aeronautik stand damals wie heute für fortschrittliche Technik. Die Verbindung zwischen

*Der Zweitakt-Pionier DKW war Ende der 20er-Jahre der größte Motorradhersteller der Welt.*

Flugzeug und Motorrad wird im weiß-blauen Propeller von BMW und im Adler von Moto Guzzi besonders deutlich. Und nicht ohne Grund haben die ersten Modelle dieser Marken eine große Gemeinsamkeit: Der Luftpionier Max Friz gab der BMW R32 zwei Jahre nach Carlo Guzzis C2V von 1921 auch eine direkte Verbindung zwischen Lenkkopf und Hinterachse. Das waren die ersten Motorräder, die nicht mehr den typischen Fahrradrahmen hatten, sondern die ihnen eigene Statik berücksichtigten.

Bodenständig und daher erfolgreich war eine Firma in Zschopau. Die Abkürzung für ihren ersten Dampfkraftwagen blieb beim Motorrad erhalten: DKW. Statt auf Dampf und anders als praktisch alle Mitbewerber auf den Viertakter setzten die Zschopauer ab 1917 auf den Zweitaktmotor. Bislang hatte nur Scott in England die

Leistungsfähigkeit dieses Prinzips beweisen können, unter anderem durch TT-Siege 1912 und 1913. Jetzt sorgten die Zschopauer vom ersten 30-cm-Fahrradhilfsmotor bis zum wassergekühlten 500er-Zweizylinder Ende der 20er-Jahre für den Durchbruch des Motors mit nur drei bewegten Teilen. In Frankreich feierte Motobécane Erfolge damit und sollte bis in unsere Tage gefürchtet schnelle Kleinmotoren bauen. In Italien ließen Garellis die verwöhnten Guzzis und Gileras hinter sich. Aber DKW motorisierte nicht nur Deutschland, sondern die ganze Welt.

## Von Betuchten und Stoffen

Die Weltwirtschaftskrise Ende der 20er-Jahre brachte das Aus für viele innovative Kleinunternehmen. Dennoch wurde der Motorradsport zum Prestigeobjekt der Nationen. So jagten sich Engländer, Deutsche und Italiener manchmal innerhalb weniger Tage gegenseitig den Geschwindigkeitsweltrekord ab. Tauschten Techniker wie früher Erkenntnisse aus, konnte das Landesverrat sein. Andererseits standen ihnen jetzt traumhafte (Geld-)Mittel zur Verfügung. Und Politik war den meisten letztlich egal. So auch den jungen italienischen Ingenieuren Carlo Gianni und Pietro Remor. Remor hatte schon 1924 als erster die Idee, einen Vierzylindermotor quer in ein Motorrad zu setzen. Doch der wohlhabende Guiseppe Gilera kaufte die Idee samt Remor. Fortan fuhr die Gilera Rondine unter Piero Taruffi gegen Eric Fernihoughs Brough-Superior und Ernst Hennes Kompressor-BMW. Italiener, Engländer und Deutsche sorgten auch sonst für Bewegung beim Motorrad: Das Jahr 1935 markiert den Durchbruch der Hinterradfederung, als Moto Guzzi die Junior- und Senior-TT gewann. Und im gleichen Jahr führte BMW die hydraulisch gedämpfte Telegabel ein, das bis heute und auch in naher Zukunft gängigste System. Zwei Jahre später beglückte Edward Turner Triumph mit seinem Twin: kaum größer als ein Einzylinder, aber höhere Leistung. Parallel-Twins nach diesem Muster gaben für die folgenden 40 Jahre den Ton an. Vorsprung durch Technik, sagte sich 1939 DKW/Auto-Union und konstruierte einen kompletten Kunststoff-Motorradrahmen, der aus drei Pressteilen zusammengeklebt wurde! Das patentierte Ding sah trotz gängigem Zweitaktmotor skurril aus. Fertig wurde es nicht, weil Kriegsherren die Welt in Schutt und Asche legten.

## Biedermeier und Rock 'n' Roll

Corrado d'Ascanio gelang mit der Vespa in den 50er-Jahren ein Jahrhundert-Coup: Der kleine Roller wurde eines der meistverkauften Fahrzeuge der Welt, andere Winzlinge für jedermann bauten Motobécane mit der Mobylette und NSU mit der Quickly. Letztere führte die Hitliste an und sorgte für die globale Verbreitung des deutschen Begriffs. Erneut waren's die kleinen Zweitakter. Daher war auch DKW wieder im Spiel, auf beiden Seiten des neuen Zauns: Die in Ingolstadt und Zschopau gefertigten 125er wurden Vorbild für BSA, Harley-Davidson oder Suzuki.

Moto Guzzi leistete mit dem Bau eines Windkanals 1950 Pionierarbeit für die Aerodynamik am Motorrad. Auch NSU setzte Maßstäbe: Der so ge-

*Mit diesem Rekordfahrzeug erzielte H. P. Müller 1956 auf den Bonneville Salt Flats/USA insgesamt 36 Motorrad-Weltrekorde: Mit dem 125-ccm-Viertaktmotor der NSU Rennfox ausgestattet, schaffte der „Baumm'sche Liegestuhl" gar eine Höchstgeschwindigkeit von 243 km/h bei einer Leistung von lediglich 20 PS.*

nannte „Baumm'sche Liegestuhl" hat nur ca. ein Achtel des Luftwiderstandes eines unverkleideten Bikes mit Fahrer. Zunächst wurden Rennverkleidungen aus Aluminium handgedengelt, doch bald setzten sich Kunststoffe durch. Glasfaserverstärkte Kunststoffe, kurz Gfk, waren im Krieg weiterentwickelt worden, weil sie vom Radar nicht erfasst wurden. Verfeinerungen der Technik bis zum modernen Karbon und Kevlar traten ihren Siegeszug an. In den 50er-Jahren setzten sich Telegabel, Hinterradschwinge, Fußschaltung und Handkupplung durch.

## Umsturz des Systems

Schon Ende des Jahrzehnts wurde ein neuer Trend eingeleitet: käufliche Spezialmotorräder. Hatte bislang jedes Sportgerät ein Serienpendant, Paradebeispiel BSA Goldstar, so begann in den 60ern die Spezialisierung. Firmen wie Bultaco entstanden dadurch erst – Francisco Bulto hatte fast nur Wettbewerbe im Sinn –, anderen wie Maico oder Zündapp verhalf es trotz Niedergang des

Motorradmarktes zur Blüte. Die Erfordernisse des Sports führten zu besonderen Techniken. Der Motorradmarkt wandelte sich grundlegend. Soishiro Honda zog die richtigen Konsequenzen daraus. Er produzierte Serienmotorräder, die außer der Paarung von Leistung und Zuverlässigkeit technisch nicht sensationell waren. Aber die Paarung war es. Die japanische Produktionsphilosophie bestimmte fortan die Technik. Das System kehrte sich um: Es wird nicht etwas entworfen und dann Käufer dafür gesucht, sondern was der Käufer aus bestimmten Gründen möchte, wird entworfen.

## Die Stuyvesant-Generation

Spezialisierung und Individualisierung führten in den 70er-Jahren zu einem stark erweiterten Angebot. Der Grundaufbau eines Motorrads veränderte sich allerdings praktisch nicht. Der Trend zur Vielfältigkeit verstärkte sich in den 80er-Jahren noch weiter, fast zur Unübersichtlichkeit. Vorhandene Kategorien wurden weiter gesplittet, es gab Tourenenduros, Sporttourer, Fulldresser und Supersportler. Etwas spektakulär Neues war immer noch nicht dabei, auch wenn jedes Modell wie die Erfindung des Rades angepriesen wurde.

## Techno-Parade

Die Miniaturisierung eröffnete sowohl im Motor- wie im Fahrwerksbereich neue Möglichkeiten. Motorräder bieten nämlich immer noch wenig Platz. So konnten sich mechanische Antiblockiersysteme nur im Auto durchsetzen, die Dunlop und Lucas-Girling schon in den 60er-Jahren entwickelt hatten. Dabei ist diese Technik beim Motorrad wegen der Sturzgefahr wichtiger. Erst die elektronische Steuerung ermöglichte dort eine sinnvolle Anwendung. BMW führte ABS 1989 in der K1 in die Serie ein, ebenso Motormanagement mit geregeltem Katalysator. Die Japaner konzentrieren sich mehr auf Motoroptimierung, meist im Hinblick auf Spitzenleistung. In jüngster Zeit überzeugt auch der Leichtbau, genialer Einsatz von Aluminium und Kunststoffen bringt das Gewicht auf ein erträgliches Maß.

## Sience Fiction

In Zukunft werden Individualisierung und Miniaturisierung noch weiter voran schreiten. Schon stehen Modul-Motorräder in den Startlöchern, die mal Enduro, mal Klassiker, mal Tourer sind. Neue Materialien können große Fortschritte ermöglichen: Metallschäume und Pulvermetalle, Mixstoffe aus Metall und Keramik, Teflonbeschichtungen. Energieumwandlung, „intelligentes" Licht und der Fahrergröße anpassbare Fahrwerksgeometrie wären vernünftige Verbesserungen. Aber Vernunft allein macht keinen Spaß. Und so wird es auch weiterhin tolle Superbikes und gemeine Fighter geben.

*So stellt sich Kawasaki den ultimativen Hochgeschwindigkeits-Tourer der Zukunft vor: ein Supersportler mit aggressivem Design und ausgefeilter Technik.*

# ADLER

1886 legt Heinrich Kleyer mit den Adler-Fahrradwerken den Grundstein zu einer der größten Büromaschinenfabriken Europas. Die ersten motorisierten Zweiräder verließen 1901 die Werkshallen in Frankfurt. Doch ab 1907 beschloss die Geschäftsleitung, fortan die Fertigung von Automobilen und Fahrrädern zu bevorzugen. Erst 1949 startete eine erneute Motorradfertigung. Das erste Nachkriegsmodell passte genau in die Zeit. Als Anfang der 50er-Jahre der Wunsch nach höherer Leistung aufkam, entstanden bei Adler Zweizylinder-Modelle wie diese M 200 mit 200 und 250 ccm. 1955 werden 90 000 Zweiräder produziert. Doch trotz hervorragender Fahrleistungen musste der Motorradbau 1957 eingestellt werden.

| | |
|---|---|
| **Modell:** | Adler M 200 |
| **Baujahr:** | 1952 |
| **Leistung:** | 9,3 PS |
| **Hubraum:** | 195 ccm |
| **Bauart:** | Zweizylinder, Zweitakt |

# Adler MB 250

Im Gegensatz zur M250 verfügte die 1954 präsentierte MB250 über ein neues Fahrwerk. Ihr schlitzgesteuerter Zweizylinder-Zweitaktmotor war zu erstaunlichen Leistungen fähig und machte die Maschine zu einer der sportlichsten ihrer Klasse. Spritziges Drehvermögen, erstaunliche Vibrationsarmut und ein außergewöhnlicher Klang zeichneten den fortschrittlichen, aber aufwändig hergestellten Twin aus.

| | |
|---|---|
| **Modell:** | MB 250 |
| **Baujahr:** | 1955 |
| **Leistung:** | 16 PS |
| **Hubraum:** | 248 ccm |
| **Bauart:** | Zweizylinder, Zweitakt |

# Aermacchi

Als Flugzeughersteller musste sich Aeronautica Macchi (Aermacchi) nach dem Zweiten Weltkrieg ein neues Betätigungsfeld suchen. So begann die Firma in Varese-Schiranna mit der Produktion kleiner Dreiradtransporter, ab 1951 mit der Herstellung von Zweitakt-Rollern und -Motorrädern. 1956 präsentierte sie mit der Chimera ihren ersten Viertakter. Durch den Kauf der Marke Aermacchi durch den Harley-Davidson-Konzern entstanden ab 1960 auch Modelle, die unter dem Markennamen der Mutter in Nordamerika verkauft wurden. In den 70er-Jahren versuchte die Marke, mit 350-ccm-Modellen den Anschluss an die japanischen Hersteller zu halten, was jedoch nur mäßig gelang. Harley-Davidson stieß daher im Jahre 1978 das italienische Werk ab. Unter dem Namen Cagiva wurde die Produktion dann 1979 wieder aufgenommen.

| | |
|---|---|
| **Modell:** | Sprint 250 |
| **Baujahr:** | 1961 |
| **Leistung:** | 18 PS |
| **Hubraum:** | 247 ccm |
| **Bauart:** | Einzylinder, Viertakt |

# AJS

1909 gründete Jack Stevens die Firma AJS. Populär wurde die Marke aus Wolverhampton durch den Sieg der Tourist Trophy 1914. In den 20er-Jahren folgten weitere spektakuläre Rennsiege. AJS erweiterte die Palette seiner Straßenmotorräder, doch die Marke hatte sich bald übernommen und wurde 1931 von Matchless aufgekauft. Die Produktion der AJS-Motorräder fand nun im Matchless-Werk in London statt. Aufsehen erregte AJS mit der Rennmaschine mit 500-ccm-V-Vierzylindermotor, die kurz vor Ausbruch des Zweiten Weltkriegs mit einem Kompressor bestückt wurde. Ab 1956 gehörte auch Norton zum Associated Motorcycles (AMC) genannten Konzern. Nach und nach strich AMC die meisten Modelle mit dem AJS-Logo wie auch die AJS 7R aus dem Verkaufsprogramm.

| | |
|---|---|
| **Modell:** | 7R |
| **Baujahr:** | 1961 |
| **Leistung:** | 41 PS |
| **Hubraum:** | 348 ccm |
| **Bauart:** | Einzylinder, Viertakt |

# Aprilia

| | |
|---|---|
| **Modell:** | RSV 1000 Tuono |
| **Baujahr:** | 2003 |
| **Leistung:** | 125 PS |
| **Hubraum:** | 998 ccm |
| **Bauart:** | V-Zweizylinder, Viertakt |

1946 gründete Alberto Beggio eine Fahrradfabrik in einem kleinen Ort nahe Venedig. 1975 begann Aprilia unter der Leitung von Ivano Beggio mit der Produktion von 50-ccm-Mopeds. Dabei konzentrierte man sich auf die Entwicklung und ließ die meisten Teile von Zulieferern fertigen. Die ersten „richtigen“ Motorräder entstanden Mitte der 80er-Jahre. 1992 schloss Aprilia einen Vertrag mit BMW und fertigte von da an in Noale die BMW-Erfolgs-Enduro F 650 sowie die Pegaso. Dazu kamen sportliche Erfolge durch Max Biaggi und Valentino Rossi. Ermutigt durch diese Erfolge präsentierte Beggio Ende 1998 auf der IFMA die RSV Mille. Mit diesem Modell stieg Aprilia endgültig in die Riege ernst zu nehmender Motorradhersteller auf. Alles schien bestens zu laufen. Im Jahre 2000 kaufte Beggio sogar die maroden Marken Laverda und Moto Guzzi. Doch als der Rollermarkt in Italien zusammenbrach, wurden Aprilia, Laverda und Moto Guzzi vom Piaggio-Konzern übernommen.

# Aprilia Pegaso 650 i.e.

Die Pegaso ist der Dauerläufer im Aprilia-Modellprogramm. In Zusammenarbeit mit BMW 1992 entwickelt, wurde aus dem einst sportiven Offroader im Laufe der Jahre mittels diverser Modellpflegemaßnahmen eine Allroundmaschine mit ausgesprochen guten Reisequalitäten. Ebenso wie die BMW F 650 wird die Pegaso von einem modernen Fünfventil-Single aus dem Hause Rotax angetrieben. Im Jahre 2001 wurde der Einzylinder mittels elektronischer Benzineinspritzung auf den aktuellen Stand der Technik gebracht. In Deutschland stand die Pegaso im Schatten des erfolgreichen Schwestermodells von BMW, obwohl beide Modelle bei Aprilia montiert wurden und ähnliche Qualitäten besaßen.

| | |
|---|---|
| **Modell:** | Pegaso 650 i.e. |
| **Baujahr:** | 2004 |
| **Leistung:** | 48 PS |
| **Hubraum:** | 652 ccm |
| **Bauart:** | Einzylinder, Viertakt |

# Aprilia 1000 R Nera

| | |
|---|---|
| **Modell:** | 1000 R Nera |
| **Baujahr:** | 2004 |
| **Leistung:** | 141 PS |
| **Hubraum:** | 998 ccm |
| **Bauart:** | V-Zweizylinder, Viertakt |

In der Saison 2004 begeisterte Aprilia echte Sportfreunde mit einer neuen Mille-Generation, die es in drei verschiedenen Versionen gab: R, R Factory und R Nera. Letztere ist eine auf 200 Stück limitierte Edelversion der RSV 1000 R: Ihre Verkleidung besteht komplett aus Karbon, der mattfarbene Rahmen, die serienmäßigen Magnesiumräder, eine Titan-Abgasanlage mit Kat und Schrauben aus Titan und der optimierte Mille-V2 ergeben in Kombination nochmals knapp 10 kg weniger Gewicht und gut 2 PS mehr Leistung als bei der ohnehin schon sehr kräftigen und leichtgewichtigen Factory-Version. Das ist der Stoff, aus dem die Motorradträume gemacht werden. Mit dem hohen Preis wahrlich kein Schnäppchen, aber ein traumhaftes Sportgerät, das keine Wünsche offen lässt. Allerdings ist dies auch schon bei den zivileren Mille-Versionen der Fall.

# Aprilia RSV 1000 R Factory

| | |
|---|---|
| **Modell:** | RSV 1000 R Factory |
| **Baujahr:** | 2005 |
| **Leistung:** | 139 PS |
| **Hubraum:** | 998 ccm |
| **Bauart:** | V-Zweizylinder, Viertakt |

Die Factory-Version ist das Topmodell der 2005er-RSV-Mille-Generation. Optisch ist sie kaum von ihrem Schwestermodell, das ohne den Zusatz „Factory“ auskommen muss, zu untcrschcidcn. Und auch mo torseitig gibt es keine Unterschiede: 139 PS presst Rotax mittlerweile aus dem Einliter-Aggregat, das in der ersten Mille vergleichsweise bescheidene 118 PS abdrückte. Die Factory-Version trägt ein Öhlins-Fahrwerk und erfreut mit leichten OZ-Alu-Schmiederädern. Dafür kostet sie auch mehr als die R-Version.

# Ariel

| | |
|---|---|
| **Modell:** | Square Four/Stoye |
| **Baujahr:** | 1956 |
| **Leistung:** | 36 PS |
| **Hubraum:** | 995 ccm |
| **Bauart:** | Quadrat-Vierzylinder |

Die britische Firma Ariel zählt zu den Pionieren der Motorradgeschichte. Bereits 1898 verließ das erste motorisierte Fahrzeug die Werksanlagen in Selly Oak. Nach Experimenten mit Fahrzeugen, die von französischen DeDion-Bouton-Motoren angetrieben wurden, erschienen 1902 Motorräder mit modernen Einbaumotoren von Kerry. Mitte der 20er-Jahre beschäftigte sich Ariel mit von Konstrukteur Val Page entwickelten Einzylinder-Modellen. Die eigentliche Sensation aber war das Tourenmotorrad Square Four, das mit einem kompakten Vierzylindermotor ausgestattet war. Edward Turner hatte diesen quadratisch aufgebauten und mit zwei Kurbelwellen bestückten Motor entworfen. In den 50er-Jahren folgte mit der Produktion der 250-ccm-Leader ein weiterer gewagter Schritt. Diese Parallel-Zweizylinder-Zweitaktmaschine war sehr fortschrittlich. Anfang der 60er-Jahre gingen die Verkäufe dramatisch zurück, und die Sparmaßnahmen konnten den Niedergang der Marke nicht wirklich verhindern.

# AWO/Simson

Die AWO war eigentlich eine Simson. Aber das Simson-Werk im thüringischen Suhl produzierte unter der Regie der sowjetischen Militäradministration. Aus dem russischen „Awtovelo“ wurde eine AWO. Die AWO ist wohlgemerkt keine Kopie eines westlichen Vorbildes. Als 1950 die erste Null-Serie die Simson-Werkshallen verließ, handelte es sich um eine völlige Neukonstruktion. In der realsozialistischen Planwirtschaft der Nachkriegszeit fehlte es an allem. Steuerketten waren teuer gehandeltes Schmuggelgut und Antriebsketten gab's gar nicht. Deshalb griffen die Konstrukteure auf Kardanantrieb und Ventilsteuerung über Stößel zurück. Da war es nur vernünftig, den Motor längs zu verbauen. Ab 1960 knatterten nur noch Zweitakter in der DDR. Die Simson E 350 war die Eskorten-Maschine des Wachregiments Berlin und einer der letzten Viertakter.

| | |
|---|---|
| **Modell:** | E 350, Prototyp |
| **Baujahr:** | 1960 |
| **Leistung:** | 20 PS |
| **Hubraum:** | 350 ccm |
| **Bauart:** | Einzylinder, Viertakt |

# Benelli

| | |
|---|---|
| **Modell:** | 175 Grand Sport |
| **Baujahr:** | 1932 |
| **Leistung:** | 5 PS |
| **Hubraum:** | 173 ccm |
| **Bauart:** | Einzylinder, Viertakt |

1921 stellte Benelli ihr erstes eigenes Motorrad der Öffentlichkeit vor. Vom Erfolg beflügelt, beschlossen die Benelli-Brüder den Einstieg in den kostspieligen Rennsport. Bereits im ersten Jahr des Einsatzes 1927 errang Benelli die italienische Meisterschaft. Abgeleitet aus dem Renner erschien 1931 die 175 Grand Sport (oben), während für Rennen ein dohc-Motor folgte, der zweimal den Weltmeistertitel einfuhr. 1972 übernahm der Italo-Argentinier Tomaso die Firma. Ein Paukenschlag war schon ein Jahr danach die Benelli 750 Sei. Doch unter dem Druck der Japaner geriet die Marke erneut ins Straucheln. 1995 gelang die Wiederbelebung, und seit 2002 die Tornado debütierte, beschleunigt Benelli in die Zukunft.

# Benelli 175 Normale

| | |
|---|---|
| **Modell:** | 175 Normale |
| **Baujahr:** | 1959 |
| **Leistung:** | 8 PS |
| **Hubraum:** | 172 ccm |
| **Bauart:** | Einzylinder, Viertakt |

Jahrelang verkörperten Motorräder wie die Benelli 175 Normale den typischen italienischen Motorradbau. Bezeichnend ist die niedrige, sportliche Linie: selbst in Normalausführung mit flachem Lenker, Reibungslenkungsdämpfer oder Schnellverschluss am ergonomischen Tank. Gegenüber der Sportversion hat sie lediglich etwas geringere Leistung, Luftfilter und einen einfachen Schalldämpfer. Anfang der 60er-Jahre rollten jeden Tag sage und schreibe 300 Maschinen dieser Art vom Produktionsband Band in Pesaro.

# Benelli 750 Sei

Nachdem Benelli zusammen mit Moto Guzzi und den Automarken Maserati, Ghia und Vignale dem Tomaso-Konzern einverleibt war, nahm der neue Chef den Kampf gegen die japanischen Hersteller auf und ließ nach dem Vorbild der Honda CB 500 durch Hinzufügen zweier Zylinder das erste Sechszylinder-Motorrad entwerfen. Als anlässlich des 200-Meilen-Rennens in Imola 1973 der ehemalige Benelli-Werksfahrer Tarquinio Provini ein paar Runden vor der begeisterten Menge drehte, war der Coup gegen die durchgesickerten Pläne von Honda und Kawasaki gelungen: Die Benelli fuhr bereits. Gegenüber den später erscheinenden Japanern im Hubraum unterlegen, konnte die schwächere Benelli deutlich bei Gewicht und Handling punkten. Die einzigartigen sechs Auspuffrohre der exklusiven Maschine entfielen bei den späteren Versionen mit 900 ccm, die noch bis 1989 im Programm blieben.

| | |
|---|---|
| **Modell:** | 750 Sei |
| **Baujahr:** | 1977 |
| **Leistung:** | 75 PS |
| **Hubraum:** | 748 ccm |
| **Bauart:** | Sechszylinder, Viertakt |

# Benelli 350 GP

Als Weiterentwicklung der 250er schuf Benelli ab 1967 nach gleichem Muster noch Rennmaschinen für die Klassen bis 350 und 500 ccm. Im Bild die 350er-Version, wie sie 1973 von Walter Villa gefahren wurde. Trotz einiger Erfolge stellte mit Ende der Saison die neue Firmenleitung den teuren Rennsport ein. Da die Maschine heute zur Sammlung des Frankfurters Willie Marewski gehört, ist sie des Öfteren bei deutschen Klassikerveranstaltungen zu bewundern.

| | |
|---|---|
| **Modell:** | 350 GP |
| **Baujahr:** | 1973 |
| **Leistung:** | 60 PS |
| **Hubraum:** | 343 ccm |
| **Bauart:** | Reihen-Vierzylinder, Viertakt |

# Benelli Tornado 900 Tre

| | |
|---|---|
| **Modell:** | Tornado 900 Tre |
| **Baujahr:** | 2003 |
| **Leistung:** | 136 PS |
| **Hubraum:** | 898 ccm |
| **Bauart:** | Dreizylinder, Viertakt |

Nicht nur Technikfreaks schwärmen von dieser Zweirad-Skulptur – und das nicht nur wegen der beiden Propeller, die den Kühlvorgang heckseitig unterstützen. Die Tornado ist das einzige Motorrad, dessen Kühler sich unter dem Sitz befindet. Eine außergewöhnliche Lösung, dank der die Vorderseite des Motorrads drastisch verkleinert werden konnte. Der Vorderbereich erscheint durch das Wegfallen des Kühlers besonders schmal, was eine sehr effiziente Aerodynamik ermöglicht. Aber auch sonst ist die Tornado nicht arm an technischen Highlights: Von der organisch geformten Bananenschwinge über die sehr steife Rahmenkonstruktion (bei der sich das geflochtene Stahlrohr in einer massiven Schwingenaufnahme aus Leichtmetall vereint) bis hin zum Dreizylinder-Aggregat nebst Kassettengetriebe und Anti-Hopping-Kupplung wird alles geboten, was das Herz von Racingfreaks höher schlagen lässt. 2003 lief die Serienproduktion der preiswerten Novecento Tre an, nachdem zuvor nur die sehr exklusive Limited Edition zu haben war.

# Benelli TNT 1130

| | |
|---|---|
| **Modell:** | TNT 1130 |
| **Baujahr:** | 2005 |
| **Leistung:** | 137 PS |
| **Hubraum:** | 1131 ccm |
| **Bauart:** | Reihen-Dreizylinder |

Trinitrotoluol, bekannt unter der Abkürzung TNT, ist einer der stärksten Sprengstoffe der Welt. Das dürfte wohl der Grund gewesen sein, warum Benelli seinen ersten Streetfighter so genannt hat. Ein überaus potentes, total übertriebenes Motorrad. Aggressive Formen und sinnliche Rundungen, gepaart mit einer außergewöhnlichen Mechanik: Die TNT ist optisch ein Naked-Bike und fahrwerkseitig ein Supersportler. Dazu bietet sie rekordverdächtige Sprintqualitäten und vermittelt nicht gekannte Adrenalinstöße. Dank ihres enormen Drehmoments und ihrer linearen Leistungsentfaltung eignet sie sich aber auch hervorragend zum Touren. Für den Einsatz in der TNT wurde das von Morini entwickelte Dreizylinder-Aggregat der Tornado auf satte 1131 ccm aufgebohrt und ganz auf Drehmoment ausgelegt. Praktisch ab Leerlaufdrehzahl beginnt ein in zweifacher Hinsicht erlebnisreiches Inferno. Der Triple zieht mit einer Leichtigkeit und Vehemenz davon, dass es dem Herzen eine Freude ist.

# BETAMOTOR

| | |
|---|---|
| **Modell:** | Jonathan 350 |
| **Baujahr:** | 2002 |
| **Leistung:** | 27 PS |
| **Hubraum:** | 349 ccm |
| **Bauart:** | Einzylinder, Viertakt |

Betamotor feierte 2004 sein 100-jähriges Bestehen und ist damit der älteste durchgehend bestehende Motorradhersteller Italiens. Zu Beginn der Firmengeschichte wurden Fahrräder mit Hilfsmotor produziert. 1972 wurde eine neue Fabrik in Rignano sull'Arno eingeweiht. Inmitten der lieblichen Hügellandschaft der Toskana werden dort jährlich etwa 20 000 Fahrzeuge produziert. Nicht zuletzt durch den Gewinn von sieben Weltmeistertiteln im Trialsport hat sich der italienische Traditionshersteller einen Namen gemacht. Die erfolgreichen Beta-Wettbewerbsmaschinen werden mit Motoren aus eigener Entwicklung und Fertigung ausgerüstet. Wegweisend war die Einführung des Alu-Brückenrahmens der Rev3, die zahlreiche Weltmeistertitel einfuhr. Dabei hat Beta mehr zu bieten. Das Scooterprogramm umfasst drei Modellreihen, dazu kommen Minicross-Maschinen, Enduros und Supermoto-Bikes sowie Einsteiger-Modelle wie die abgebildete Jonathan.

# Bianchi

Bianchi ist einer der wichtigsten Pioniere der Motorradentwicklung. Mit dem Einbau eines Einzylinder-Viertakters im untersten Schnittpunkt des Rahmendreiecks platzierte Bianchi 1903 den Motor dort, wo es für einen niedrigen Schwerpunkt und damit für ein sicheres Fahrverhalten am günstigsten war. 1912 hatte die neue 500er-Bianchi als eines der ersten Motorräder ein Dreiganggetriebe. Außerdem hatte sie bereits zwei voneinander unabhängig zu bedienende Bremsen. Als 1924 die 350er-Freccia Celeste debütierte, war sie für Jahre eine der schnellsten Rennmaschinen der Welt. Auf ihrer Basis folgten Anfang der 30er-Jahre weitere Modelle mit zwei oben liegenden Nockenwellen. Nach verschiedenen günstigen Motorrädern rüstete sich Bianchi 1957 wieder für den Rennsport und stellte mit einer von Sandro Colombo entworfenen voll verschalten Maschine mehrere Geschwindigkeitsrekorde auf. Trotz dieser Erfolge geriet die Firma in Schwierigkeiten. Als Motorradhersteller verschwand Bianchi 1967. Abgebildet ist das meistverkaufte Bianchi-Modell der 50er-Jahre, die 175er-Tonale.

| | |
|---|---|
| **Modell:** | 175 Tonale |
| **Baujahr:** | 1956 |
| **Leistung:** | 9 PS |
| **Hubraum:** | 175 ccm |
| **Bauart:** | Einzylinder, Viertakt |

# BIMOTA

| | |
|---|---|
| **Modell:** | SB 6R |
| **Baujahr:** | 1998 |
| **Leistung:** | 156 PS |
| **Hubraum:** | 1074 ccm |
| **Bauart:** | Reihen-Vierzylinder, Viertakt |

**Valerio Bianchi, Giuseppe Morri und Massimo Tamburini formten nicht nur aus den Anfangsbuchstaben ihrer Nachnamen die Firma Bimota in Rimini, sondern vor allem durch ihre Tatkraft. Zunächst kreierte Tamburini in den 70er-Jahren erste MV Agusta- und Honda CB 750-Umbauten. Ein Jahr später folgte die Neugründung der Firma als reine Motorradschmiede. Für den öffentlichen Straßenverkehr gebaut und wirtschaftlich erfolgreich war die KB 1, und Aufsehen erregendes bot die SB 2, bei der der Tank unter dem Motor lag, und 1983 die futuristische Tesi mit Honda-Motor, das erste Straßenmotorrad mit Achsschenkellenkung. Die SB-6-Modelle, wie die abgebildete SB 6R, waren die Bestseller im Bimota-Programm. Doch die Qualität der japanischen Serienfahrwerke brachen dem Betrieb finanziell das Genick. Roberto Comini brachte Ende der 90er-Jahre wieder neues Leben in die ehrwürdigen Werkshallen.**

# Bimota DB 5

Mit der DB 5 beweisen die neuen Bimota-Eigner, dass sie es wirklich ernst meinen: Selten hat man ein derart kunstvoll gestaltetes Motorrad gesehen. Das Design des filigranen Gitterrohrrahmens setzt sich in der nicht minder filigranen Gitterrohrschwinge fort. Die knapp geschnittene Verkleidung und das sexy Heck könnten schöner nicht sein. Da mag man sich wundern, weshalb die Italiener für dieses „rattenscharfe“ Sportgerät auf „nur“ etwas mehr als 90 PS zurückgegriffen haben ...

| | |
|---|---|
| **Modell:** | DB 5 |
| **Baujahr:** | 2005 |
| **Leistung:** | 92 PS |
| **Hubraum:** | 992 ccm |
| **Bauart:** | V-Zweizylinder, Viertakt |

# BMW

1923 stellte das einstige Luftfahrtunternehmen, die neu gegründetete Bayerische Motorenwerke AG, ihr erstes Modell vor. Die R 32 wies bereits all jene konstruktiven Merkmale auf, die bis heute BMW-Boxer charakterisieren. Werbewirksame Sporterfolge ließen nicht lange auf sich warten und kurbelten die Verkäufe weiter an. Zu Beginn des Zweiten Weltkriegs war die Marke mit dem Propeller-Emblem ein international erfolgreiches und renommiertes Unternehmen, und schon bald nach Kriegsende konnte BMW an die alten Erfolge anknüpfen. Auch wenn BMW-Motorräder oft konservativ wirken, so war die Marke doch immer wieder für revolutionäre Neuerungen gut, so wie mit der BMW R 11, die dem alten Rohrrahmen den Rücken kehrte. Seit Jahren steht BMW auf dem wichtigsten europäischen, nämlich dem deutschen Markt ganz vorne in der Zulassungsstatistik.

| | |
|---|---|
| **Modell:** | R 11 |
| **Baujahr:** | 1929 bis 1934 |
| **Leistung:** | 18 PS |
| **Hubraum:** | 745 ccm |
| **Bauart:** | Zweizylinder-Boxer, Viertakt |

# BMW R 51 RS

Mit ihrem charakteristischen Heulen zogen die Kompressor-BMW bereits 1939 Hunderttausende in ihren Bann und fuhren reihenweise aufs Treppchen. Die Motoren waren mechanische Wunderwerke mit oben liegenden Nocken- und Königswellen, die dank Gebläse rund 60 PS mobilisierten. Die reichten Schorsch Meier, um etwa 1939 die berühmt-berüchtigte Senior-TT auf der Isle of Man zu gewinnen – und sich damit als erster Ausländer in die Siegerlisten bei den 500ern einzutragen!

| | |
|---|---|
| **Modell:** | R 51 RS |
| **Baujahr:** | ab 1939 |
| **Leistung:** | ca. 60 PS |
| **Hubraum:** | 494 ccm |
| **Bauart:** | Zweizylinder-Boxer, Viertakt |

# BMW R 75

| | |
|---|---|
| **Modell:** | R 75 |
| **Baujahr:** | 1941 bis 1944 |
| **Leistung:** | 26 PS |
| **Hubraum:** | 745 ccm |
| **Bauart:** | Zweizylinder-Boxer, Viertakt |

Die mächtige 750er war voll auf militärische Bedürfnisse ausgelegt. Auf diese Weise erlaubte der geschraubte Rahmen einen schnellen Motorwechsel, das fußgeschaltete Vierganggetriebe bot eine Untersetzung sowie einen Rückwärtsgang, und das Seitenwagenrad wurde über eine Welle zum Hinterrad mitangetrieben. In schwerem Gelände galt die R 75 den meisten Jeeps als überlegen.

# BMW R 51/3

BMWs erste Neukonstruktion nach dem Krieg wurde aus dem Stand ein Erfolg. Das neue Triebwerk mit nur noch einer stirnradgetriebenen Nockenwelle galt als sparsam, geschwindigkeitsfest und äußerst langlebig. Dass BMW keine Kosten scheute, zeigte die Zündanlage: Trotz potenter Lichtmaschine hatten die Motorräder keine Batterie-, sondern eine Magnetzündung. Als Seitenwagen-Zugmaschine bot BMW ferner die technisch identische R 67 mit 600 ccm und 26 PS.

| | |
|---|---|
| **Modell:** | R 51/3 |
| **Baujahr:** | 1951 bis 1954 |
| **Leistung:** | 24 PS |
| **Hubraum:** | 494 ccm |
| **Bauart:** | Zweizylinder-Boxer, Viertakt |

# BMW R 69 S

| | |
|---|---|
| **Modell:** | R 69 S |
| **Baujahr:** | 1960 bis 1969 |
| **Leistung:** | 42 PS |
| **Hubraum:** | 594 ccm |
| **Bauart:** | Zweizylinder-Boxer, Viertakt |

S wie Sport: Die R 69 S war das Topmodell der Baureihe. Mit speziellen Kolben, Zylinderköpfen und Vergasern hatte BMW die Leistung der 600er auf 42 PS gesteigert. Auf dauerhaft hohe Drehzahlen reagierte die Kurbelwelle bisweilen mit Brüchen, weshalb BMW die Motoren mit einem Schwingungsdämpfer ausstattete. In Sammlerkreisen sind S-Modelle besonders begehrt.

# BMW R 75/5

Mit der 1969 erschienenen, völlig neuen Baureihe bekannte sich BMW weiter zum Motorrad. Die verwindungssteifen Rahmen orientierten sich am berühmten „Federbett"-Rahmen Nortons, waren aber nicht mehr gespanntauglich. In den neuen Motoren werkelten Teile aus Auto-Triebwerken. Erstmals in Berlin-Spandau gebaut, überstieg die Nachfrage schon 1971 die Produktion. Schnell erwarben sich die Motorräder den Ruf von Robustheit.

| | |
|---|---|
| **Modell:** | R 75/5 |
| **Baujahr:** | 1969 bis 1973 |
| **Leistung:** | 50 PS |
| **Hubraum:** | 745 ccm |
| **Bauart:** | Zweizylinder-Boxer, Viertakt |

# BMW R 80 G/S

| | |
|---|---|
| **Modell:** | R 80 G/S |
| **Baujahr:** | 1980 bis 1987 |
| **Leistung:** | 50 PS |
| **Hubraum:** | 797 ccm |
| **Bauart:** | Zweizylinder-Boxer, Viertakt |

Sie war ein ganz großer Wurf und begründete die neue Gattung großer Reise-Enduros, dennoch wurde die R 80 G/S anfangs zögerlich aufgenommen, was an ihrem eigenwilligen Styling und der einarmigen Hinterradschwinge lag, die den Radausbau jedoch erheblich vereinfachte. Doch weil sie handlich, komfortabel und zuverlässig war, griffen die Käufer kurz darauf in Scharen zu.

# BMW R 80 ST

Schnell war Testern und Motorradfahrern aufgefallen, dass die R 80 G/S das „beste Straßenmotorrad ist, das BMW jemals gebaut hat", wie ein gängiges Urteil lautete. Das Unternehmen reagierte auf dieses Lob mit der R 80 ST (für Straße), die 1982 erschien und eine G/S mit verkürzten Federwegen und Straßenreifen war.

| | |
|---|---|
| **Modell:** | R 80 ST |
| **Baujahr:** | 1982 bis 1984 |
| **Leistung:** | 50 PS |
| **Hubraum:** | 797 ccm |
| **Bauart:** | Zweizylinder-Boxer, Viertakt |

# BMW K 100

Mit ihrem ersten Vierzylinder-Motorrad verblüffte die Marke Fans und Fachleute gleichermaßen ob der geballten Innovationen: Der längs und liegend eingebaute Motor sorgte für einen niedrigen Schwerpunkt, digitale Bosch-Einspritzung und Kennfeld-Zündung waren bis dato Merkmale von High-End-Autos gewesen. 1988 feierte das erste Motorrad-Antiblockiersystem in der K 100 Premiere, später konnte die Maschine mit geregeltem Kat geordert werden. Anfängliche Bedenken wegen der geballten Technik zerstreuten die zuverlässigen Motorräder schnell.

| | |
|---|---|
| **Modell:** | K 100 |
| **Baujahr:** | 1983 bis 1990 |
| **Leistung:** | 90 PS |
| **Hubraum:** | 987 ccm |
| **Bauart:** | Reihen-Vierzylinder, Viertakt |

# BMW K 75 C

Drei Jahre nach der vierzylindrigen K 100 folgte die K-75-Baureihe mit Reihen-Dreizylindermotoren; beide Motorentypen waren parallel entwickelt worden. Die K 75 C mit kleiner Cockpit-Verkleidung kam 1985 als erstes Modell der neuen Baureihe auf den Markt, die vor allem bei Behörden großen Anklang fand.

| | |
|---|---|
| **Modell:** | K 75 C |
| **Baujahr:** | 1985 bis 1990 |
| **Leistung:** | 75 PS |
| **Hubraum:** | 740 ccm |
| **Bauart:** | Reihen-Dreizylinder, Viertakt |

# BMW R 100 R

Das R stand für Roadster, und genau das waren die Maschinen der 1991 erschienenen Baureihe: Mit klassischen Speichenrädern (die dennoch moderne, schlauchlose Reifen aufnahmen) und bulliger Optik ohne Verkleidungsfirlefanz trafen die Motorräder voll den Zeitgeist Anfang der 90er-Jahre. Der Antrieb stammte von den GS-Modellen, Showa hatte die hochwertigen Federelemente zugeliefert.

| | |
|---|---|
| **Modell:** | R 100 R |
| **Baujahr:** | 1991 bis 1996 |
| **Leistung:** | 60 PS |
| **Hubraum:** | 980 ccm |
| **Bauart:** | Zweizylinder-Boxer, Viertakt |

# BMW R 80 GS Basic

In der inzwischen klassischen Optik ihrer Urahnin, aber mit Paralever-Schwinge, bringt BMW 1996 die generell weiße Basic auf den Markt. Sie ist die letzte Vertreterin der alten Boxergeneration. Nach 2995 Stück endet nicht nur die Basicproduktion, sondern damit auch endgültig die Bauzeit der alten Zweiventil-Boxer.

| | |
|---|---|
| **Modell:** | R 80 GS Basic |
| **Baujahr:** | 1996 |
| **Leistung:** | 50 PS |
| **Hubraum:** | 798 ccm |
| **Bauart:** | Zweizylinder-Boxer, Viertakt |

# BMW R 1100 GS

| | |
|---|---|
| **Modell:** | R 1100 GS |
| **Baujahr:** | 1996 |
| **Leistung:** | 80 PS |
| **Hubraum:** | 1085 ccm |
| **Bauart:** | Zweizylinder-Boxer, Viertakt |

Ein Jahr nach Erscheinen der neuen Boxer-Generation in Form der RS lanciert BMW mit der R 1100 GS einen Nachfolger für die beliebten Reise-Enduros. Schon bald erwirbt sich die neue GS einen exzellenten Ruf wegen ihres stabilen und komfortablen Fahrwerks und stürmt die Bestsellerlisten in Deutschland, um über Jahre die Statistik anzuführen. Dass die Neue rund 50 kg Gewicht zugelegt hat, stört auf der Straße überhaupt nicht.

# BMW R 1100 RT

Im Herbst 1995 brachte BMW den Tourer R 1100 RT mit dem neuen Vierventil-Boxer auf den Markt. Mit der R 100 RT hatte BMW bereits 1978 das erste Tourer-Serienmodell der Welt mit einer im Windkanal entwickelten Vollverkleidung eingeführt. Über 60 000 Einheiten der R 100 RT und R 80 RT waren bis zum Ende des Jahres 1995 gebaut worden. Im Hinblick auf modernste Motoren- und Fahrwerkstechnologien sowie aktive Sicherheit und Umweltverträglichkeit setzte die R 1100 RT neue Maßstäbe. Bis Ende 2000 wurden mehr als 55 000 Einheiten gebaut.

| | |
|---|---|
| **Modell:** | R 1100 RT |
| **Baujahr:** | 1996 |
| **Leistung:** | 90 PS |
| **Hubraum:** | 1085 ccm |
| **Bauart:** | Zweizylinder-Boxer, Viertakt |

# BMW C1 125

Die Vorzüge eines motorisierten Zweirads – Wendigkeit, geringer Platzbedarf im Verkehr und beim Parken – mit den Sicherheitselementen eines Automobils – berechnete Sicherheitszelle mit Deformationselementen und Schulterbügeln sowie zwei Sicherheitsgurte – zu verbinden, war Ziel bei der Entwicklung des seit 2000 angebotenen Kabinenrollers C1. Angetrieben von einem modernen 125-ccm-Viertaktmotor mit Vierventiltechnik, elektronischem Motormanagement mit Benzineinspritzung nebst geregeltem Dreiwegekatalysator konnte sich der „Motorroller mit Dach" jedoch nicht am Markt durchsetzen. Daran änderte auch eine etwas leistungsstärkere Version mit 200 ccm Hubraum nichts: Nach vier Jahren stellte BMW die Produktion wieder ein.

| | |
|---|---|
| **Modell:** | C1 125 |
| **Baujahr:** | 2000 |
| **Leistung:** | 15 PS |
| **Hubraum:** | 125 ccm |
| **Bauart:** | Einzylinder, Viertakt |

# BMW K 1200 LT

Auf der Intermot in München stellte BMW im September 1998 die K 1200 LT vor. Der neue Luxustourer ist konsequent für das möglichst sichere und komfortable Reisen per Motorrad entwickelt, wobei dem Wohlbefinden des Beifahrers oder der Beifahrerin ebenso viel Aufmerksamkeit geschenkt wird. Optimaler Wetterschutz durch eine im Windkanal optimierte Verkleidung, großer Stauraum in Koffern und Topcase und gute

| | |
|---|---|
| **Modell:** | K 1200 LT |
| **Baujahr:** | 2000 |
| **Leistung:** | 98 PS |
| **Hubraum:** | 1171 ccm |
| **Bauart:** | Reihen-Vierzylinder, Viertakt |

Manövrierfähigkeit durch einen Rückwärtsgang gibt es serienmäßig. Musikanlage, Geschwindigkeitsregelung, Tempomat und Sitzheizung stellen nur einen kleinen Ausschnitt aus dem umfangreichen Ausstattungsangebot dar.

# BMW R 1150 GS

| | |
|---|---|
| **Modell:** | R 1150 GS |
| **Baujahr:** | 2001 |
| **Leistung:** | 85 PS |
| **Hubraum:** | 1130 ccm |
| **Bauart:** | Zweizylinder-Boxer, Viertakt |

Nach sechs Jahren Bauzeit wurde die R 1100 GS zum Herbst 1999 von der neuen R 1150 GS abgelöst. Leichtere Zylinderkopfhauben aus Magnesium und eine neue Nockenwelle, deren Steuerzeiten stärker auf eine Optimierung des Drehmomentverlaufs abgestimmt wurden, ergänzten das große Update. Mit einem Sechsganggetriebe und einem optischen Facelifting ging das Original aller großen Fernreise-Enduros gut gerüstet in das 20. Jahr der Erfolgsgeschichte der GS-Motorräder von BMW.

# BMW R 1200 CL

Für das Modelljahr 2003 präsentierte BMW ein neues Mitglied der Cruiserfamilie. Als technische Basis diente die R 1200 C, von der Motor, Hinterradantrieb, Vorderrahmen, Tank und einige Ausstattungsumfänge übernommen wurden. Geprägt wird die CL von der lenkerfesten Tourenverkleidung, deren Linienführung sich in den separaten seitlichen Verkleidungsteilen am Tank fortsetzt, so dass in der Seitenansicht fast der Eindruck einer integrierten Verkleidung entsteht. Insgesamt vier in die Verkleidung integrierte Scheinwerfer geben dem Motorrad ein unverwechselbares Gesicht.

| | |
|---|---|
| **Modell:** | R 1200 CL |
| **Baujahr:** | 2003 |
| **Leistung:** | 85 PS |
| **Hubraum:** | 1170 ccm |
| **Bauart:** | Zweizylinder-Boxer, Viertakt |

# BMW R 1200 GS

| | |
|---|---|
| **Modell:** | R 1200 GS |
| **Baujahr:** | 2004 |
| **Leistung:** | 98 PS |
| **Hubraum:** | 1170 ccm |
| **Bauart:** | Zweizylinder-Boxer, Viertakt |

Mit der R 1200 GS gelang BMW ein großer Wurf: Sie übertrifft die sehr guten Eigenschaften ihrer Vorgängerin nochmals in allen wichtigen Kriterien: mehr Leistung und größere Agilität bei deutlich weniger Gewicht und geringerem Verbrauch. Das neu konstruierte Boxer-Aggregat verfügt nun über eine Ausgleichswelle, was ihn deutlich vibrationsärmer zu Werke gehen lässt. Ein noch stabileres Fahrwerk, die Vorderradführung mit dem einzigartigen BMW-Telelever und ein neu konstruierter gewichts- und geometrieoptimierter Paralever für die Hinterradführung sowie zwei kompakt bauende Rahmenelemente reduzieren das Gewicht um nahezu 30 kg.

# BMW K 1200 S

Die lang erwartete BMW mit völlig neuem Vierzylinder-Hochleistungstriebwerk und revolutionärer Fahrwerkstechnik erlebte auf der Intermot 2004 ihre Weltpremiere. Die neue K 1200 S: das Sportmotorrad von BMW in der K-Baureihe löst die bekannten VierzylinderModelle nicht ab, sondern ergänzt diese Baureihe. Mit einer Motorleistung von 167 PS und einem Gewicht von 248 kg inklusive Kraftstoff dringt die K 1200 S in die Oberklasse sportlicher Hochleistungsmotorräder ein, die bis dahin von den japanischen Herstellern dominiert wurde.

| | |
|---|---|
| **Modell:** | K 1200 S |
| **Baujahr:** | 2004 |
| **Leistung:** | 167 PS |
| **Hubraum:** | 1157 ccm |
| **Bauart:** | Reihen-Vierzylinder, Viertakt |

# BMW R 1200 ST

Der Inbegriff für sportliches Touren heißt ab 2005 R 1200 ST. Der Nachfolger der R 1150 RS ist das dritte Modell der neuen Boxer-Generation. Basis für die Entwicklung der R 1200 ST waren der Antriebsstrang und die innovativen Fahrwerkselemente der GS. Das Kürzel ST steht für Sporttourer. Konstruktiv ist die R 1200 ST von der im Dezember 2004 vorgestellten R 1200 RT abgeleitet.

| | |
|---|---|
| **Modell:** | R 1200 ST |
| **Baujahr:** | 2005 |
| **Leistung:** | 110 PS |
| **Hubraum:** | 1170 ccm |
| **Bauart:** | Zweizylinder-Boxer, Viertakt |

# Brough Superior

Die Motorräder der englischen Marke Brough Superior galten zu ihrer Zeit als Rolls-Royce unter den Motorrädern. Sowohl beim Design als auch bei der Verarbeitung bestachen die großen Zweizylinder aus Nottingham durch ihre Qualität. 1920 entstanden die ersten Modelle mit 750-ccm-Motor von Motosacoche, 1921 dann mit eigens für die Marke angefertigten 980-ccm-JAP-Motoren. Bereits diese frühen Maschinen wiesen eine markante Tankform auf, die charakteristisch für Brough-Motorräder wurde. In den folgenden Jahren baute der ehrgeizige Ingenieur Modelle mit JAP-, MAG- und Matchless-V2-Motoren, aber auch Vierzylinder-Typen, wie etwa eine Gespannmaschine mit wassergekühltem Vierzylinder von Austin. Die V2-Modelle SS 100 erhielten ab 1924 bei ihrer Auslieferung ein „100-Meilen-Zertifikat", das eine Höchstgeschwindigkeit von ca. 160 km/h zusicherte. Im Jahre 1940 endete die Fertigung der edlen Luxusmotorräder.

| | |
|---|---|
| **Modell:** | SS 100 |
| **Baujahr:** | 1929 |
| **Leistung:** | 45 PS |
| **Hubraum:** | 996 ccm |
| **Bauart:** | V-Zweizylinder, Viertakt |

# BSA

| | |
|---|---|
| **Modell:** | 600 Sloper |
| **Baujahr:** | 1935 |
| **Leistung:** | 20 PS |
| **Hubraum:** | 593 ccm |
| **Bauart:** | Einzylinder, Viertakt |

**Einst waren sie die Größten: die Beatles und die englische Motorradindustrie. Zum ersten Verkaufserfolg für BSA wurde 1927 die 500er-Sloper, von der auch die abgebildete 600er-Sloper abgeleitet ist. Nach Kriegsende setzte man die kaum veränderte Einzylinder-Motorradfertigung fort. Ähnlich wie beim Mitbewerber Triumph gab es ab 1946 auch bei BSA ein 500er-Bike, die A7 Star Twin. Die Ladys konnten es mit allen aufnehmen. Sie waren schneller als die Indian, flotter und handlicher als die BMW. Bei BSA lief das Geschäft auf Hochtouren, man brachte es weltweit zum Marktführer. Die Maschinen konnten nicht schnell und stark genug sein. Im Laufe der Zeit wurden diese Motoren ständig weiter frisiert, und man gab den Bikes tolle Namen wie Thunderbolt, Firebird, Rocket, Lightning, Hornet oder Spitfire. Im Prinzip wäre es bis ans Ende der Welt so weitergegangen. Doch plötzlich standen die Japaner da. 1973 machte das einst weltgrößte Werk Pleite.**

# BSA M20

Dieses Motorrad machte sich im Zweiten Weltkrieg als unverwüstliche Kradmelder-Maschine der englischen Armee einen Namen. In seinen verschiedenen Modellvarianten hatte sie aber darüber hinaus während der gesamten Bauzeit bis 1963 tausende zivile Motorradfreunde in der ganzen Welt, die nicht zuletzt die große Zuverlässigkeit der BSA-Modelle schätzten.

| | |
|---|---|
| **Modell:** | M20 |
| **Baujahr:** | 1937 |
| **Leistung:** | 13 PS |
| **Hubraum:** | 496 ccm |
| **Bauart:** | Einzylinder, Viertakt |

# BSA A 10 Road Rocket

| | |
|---|---|
| **Modell:** | A 10 Road Rocket |
| **Baujahr:** | 1955 |
| **Leistung:** | 40 PS |
| **Hubraum:** | 650 ccm |
| **Bauart:** | Parallel-Zweizylinder, Viertakt |

Die A10-Modelle waren die stärksten BSA-Zweizylindermaschinen. Sie wurden von einem Parallel-Twin angetrieben, der nicht nur für beachtliche Beschleunigung, sondern auch für ein unverwechselbares Klangbild sorgte. Die Rocket-Modelle verkauften sich auch in den USA prächtig und sorgten für volle Kassen bei BSA. Auch diente die Road Rocket offensichtlich als Kopiervorlage für die aufstrebenden japanischen Hersteller, denn zahlreiche Konstruktionsmerkmale dieser Maschinen finden sich beispielsweise in der Kawasaki W1 von 1965 wieder.

# BSA 650 A65SS Spitfire

Als absolutes Topmodell in der A65-Baureihe präsentierte das Werk Anfang 1968 die A65SS Spitfire MkIV Special. Der 55 PS starke und gut 190 km/h schnelle 650er-Twin war gleichzeitig die letzte Evolutionsstufe in der A65-Baureihe. Wer sich damals die 4.650 DM teure Spitfire MkIV leisten konnte, war unangefochtener „King of the Road", denn kein anderes Bike, weder von Triumph noch von BMW, war damals schneller.

| | |
|---|---|
| **Modell:** | 650 A65SS Spitfire MkIV Special |
| **Baujahr:** | 1968 |
| **Leistung:** | 55 PS |
| **Hubraum:** | 654 ccm |
| **Bauart:** | Zweizylinder, Viertakt |

# BSA 750 A765R Rocket3

| | |
|---|---|
| **Modell:** | 750 A765R Rocket3 |
| **Baujahr:** | 1968 |
| **Leistung:** | 58 PS |
| **Hubraum:** | 740 ccm |
| **Bauart:** | Dreizylinder, Viertakt |

Für eine echte Sensation sorgte BSA 1968. Jedenfalls aus englischer Sicht. Mit einem letzten Kraftakt hatte man die 750er-Rocket3 auf den Markt gebracht. Jedoch vergeblich, wie sich bald herausstellen sollte. Das Ende der „good old british bikes" stand längst fest. Gegen die moderne Honda CB750 Four sah die brandneue BSA mit ihrem 750er-Dreizylindermotor bereits zum Erscheinungstermin alt aus. Heute ist die Rocket3 ein begehrtes Sammlerobjekt. Von 1968 bis zum Ende der Bauzeit 1972 verließen lediglich noch 5897 Maschinen das Werk.

# Buell

Im Alter von zwölf Jahren saß Erik Buell zum ersten Mal auf einem Motorrad. Um seine Ausbildung zu finanzieren, jobbte er bei einem Motorradhändler und stieg vom Lehrling zum Servicemanager auf. Seinerzeit entdeckte er seine Liebe zum Rennsport. 1978 erzielte Buell die schnellste Zeit aller Neueinsteiger im Daytona-200-Rennen. Fest entschlossen, weiterhin an Motorrädern zu arbeiten, trat er als Fahrwerksingenieur in die Dienste der Harley-Davidson Motor Company und entwickelte diverse Motorradkomponenten. Um seinen Traum von einer eigenen Rennmaschine zu realisieren, verließ Erik Buell 1982 die Motor Company. Die erste Maschine, die seinen Namen trug, war die RW 750. Harley-Davidson unterstützte ihn ab 1987 mit Motoren. Mit der Übernahme von 49 Prozent 1998 wurde die Buell Motorcycle Company zu einem Tochterunternehmen der Harley-Davidson. Die abgebildete Buell Lightning hat heute Kultstatus erreicht.

| | |
|---|---|
| **Modell:** | White Lightning S1 |
| **Baujahr:** | 1998 |
| **Leistung:** | 88 PS |
| **Hubraum:** | 1199 ccm |
| **Bauart:** | V-Zweizylinder, Viertakt |

# Buell X1 M Ice

Als cooles Bike für heiße Sommertage legte Buell für die Saison 2000 die ganz in Silber gehüllte X1 M Ice auf. Rahmen, Räder sowie Krümmer sind in edlem Metall-Look gehalten, und selbst der Motor trägt dezentes Silber. Auch die Details der Tanklackierung unterstreichen die elegante Erscheinung der X1 M Ice. Den exklusiven Look betonen zudem die filigranen Aluminium-Fußrasten und die auf dem Tankdeckel eingravierte Seriennummer der limitierten Auflage. Nur 75 Stück der 375 Exportexemplare waren für den deutschen Markt bestimmt.

| | |
|---|---|
| **Modell:** | X1 M Ice |
| **Baujahr:** | 2000 |
| **Leistung:** | 90 PS |
| **Hubraum:** | 1199 ccm |
| **Bauart:** | V-Zweizylinder, Viertakt |

# BUELL LIGHTNING XB9S

Die Lightning XB9S und ihr Schwestermodell Firebolt XB9R gehörten zu den ganz großen Überraschungen der Motorradsaison 2002. Die drei grundlegenden Konstruktionsprinzipien des Firmengründers Erik Buell wurden bei diesen Maschinen perfekt umgesetzt: Zentralisierung der Masse, Stabilisierung des Fahrwerks und Minimierung der ungefederten Massen. Um dies zu erreichen, ging man sehr ungewöhnliche Wege. So ist der Kraftstoff im Rahmen untergebracht. Dort, wo sich normalerweise der Kraftstofftank befindet, ist der Luftfilter platziert. Beide Modelle sind mit einer an der vorderen Felge montierten 375 mm großen Bremsscheibe mit Sechskolbensattel ausgestattet. Diese ZTL-Konstruktion (Zero Torsional Load) überträgt die Bremskräfte direkt auf die Felge und nicht wie eine herkömmliche Bremse zunächst auf die Radspeichen. In Kombination mit dem grundlegend überarbeiteten, enorm druckvollen Harley-V2 ist so für Fahrspaß der Extraklasse gesorgt.

| | |
|---|---|
| **Modell:** | Lightning XB9S |
| **Baujahr:** | 2002 |
| **Leistung:** | 84 PS |
| **Hubraum:** | 984 ccm |
| **Bauart:** | V-Zweizylinder, Viertakt |

# Buell Firebolt XB12R

| | |
|---|---|
| **Modell:** | Firebolt XB12R |
| **Baujahr:** | 2004 |
| **Leistung:** | 101 PS |
| **Hubraum:** | 1203 ccm |
| **Bauart:** | V-Zweizylinder, Viertakt |

Auch die halb verkleidete Firebolt kam in den Genuss des mächtigen 1200er-Aggregats und mutierte damit zum ultimativen Kurvenräuber. Dieses Drehmoment-Monster von einem Motor schiebt die Firebolt so nachhaltig aus dem Drehzahlkeller, dass trotz aller Sportlichkeit nur selten geschaltet werden muss. Für den Sekundärantrieb wurde bei allen XB-Modellen ein kevlarverstärkter Zahnriemen gewählt, weil er so leise, sauber und wartungsarm ist wie keine andere Kraftübertragung. Sein geringes Gewicht reduziert die ungefederten Massen. Der Zahnriemen hat eine Lebensdauer von circa 30 000 km und kostet nicht mehr als eine hochwertige O-Ring-Kette.

# BULTACO

Nachdem der rennbegeisterte Spanier Francisco Xavier Bulto die Firma Montesa, deren Mitbegründer er war, im Streit verlassen hatte, machte er sich daran, eine eigene Motorradfirma zu gründen. Don Paco Bulto wollte sich endlich im Rennsport engagieren. In Bultos Landhaus bei Barcelona begann 1958 eine kleine Gruppe von Technikern mit der Entwicklung der Tralla 101. Im Trialsport läuteten die Spanier gar eine neue Ära ein. Mit der Sherpa T gewann 1965 zum ersten Mal eine ausländische Maschine den berühmten Scottish Six Days Trial. Die Bultaco TSS wurde zu einem der beliebtesten Rennmotorräder der 60er-Jahre überhaupt. Für die kaufkräftigen US-Kunden entwickelte Bultaco spezielle Flat-Track-Wettbewerbsmodelle. Die Produktion der leistungsfähigen Bultacos wurde bis in die 80er-Jahre fortgeführt. Finanzielle Schwierigkeiten führten dazu, dass die Produktion 1982 eingestellt werden musste.

| | |
|---|---|
| **Modell:** | TSS |
| **Baujahr:** | 1967 |
| **Leistung:** | 38 PS |
| **Hubraum:** | 244 ccm |
| **Bauart:** | Einzylinder, Viertakt |

# Cagiva

Die Brüder Gianfranco und Claudio Castiglioni kauften 1978 das ehemalige Aermacchi-Motorradwerk in Varese, das seit 1961 anteilig dem US-Hersteller Harley-Davidson gehört hatte. Sie übernahmen für die Motorräder den Markennamen ihrer Metallwarenfabrik Cagiva. Cagiva versprach sich vom Engagement abseits der Straße schnellere Popularität und entwickelte Cross-Maschinen, mit denen man 1981 italienischer Motocross-Meister wurde. Die Geschäfte liefen gut, Cagiva kaufte 1983 die angeschlagene Marke Ducati. Ab 1985 nahm man mit einer 900er-Werks-Elefant an der berühmten Rallye Paris–Dakar teil – und gewann. Konsequenterweise verleibte sich Cagiva 1986 noch den schwedischen Enduro-Hersteller Husqvarna ein, 1987 folgte Moto Morini, und man erwarb die Namensrechte an MV Agusta. Nach und nach musste sich Cagiva von Teilen seines Imperiums trennen, um die finanziellen Schwierigkeiten halbwegs zu meistern. Ende 2004 hat der asiatische Proton-Konzern 49 Prozent Anteile übernommen.

| | |
|---|---|
| **Modell:** | Elefant 750 |
| **Baujahr:** | 1987 |
| **Leistung:** | 61 PS |
| **Hubraum:** | 749 ccm |
| **Bauart:** | V-Zweizylinder, Viertakt |

# Cagiva Raptor 1000

| | |
|---|---|
| **Modell:** | Raptor 1000 |
| **Baujahr:** | 2002 |
| **Leistung:** | 112 PS |
| **Hubraum:** | 998 ccm |
| **Bauart:** | V-Zweizylinder, Viertakt |

Die Raptor-Baureihe feierte im Jahre 2000 ihre Premiere. Wie schon in der Navigator, sorgt auch in den großen Raptor-Modellen Suzukis V2 für vehementen Vortrieb. Neben Antrieb und Design der Maschine begeistert der stabile und hübsch anzuschauende Gitterrohrrahmen der Raptor, der im Zusammenspiel mit den hochwertigen Federelementen und den hervorragenden Bremsen für herzhaften Fahrspaß sorgt. Zur Saison 2005 wurden die beiden Raptoren mit einer neuen Lampenverkleidung und einigen Detailverbesserungen aufgefrischt.

# CCM

| | |
|---|---|
| **Modell:** | R 30 Supermoto |
| **Baujahr:** | 2004 |
| **Leistung:** | 50 PS |
| **Hubraum:** | 644 ccm |
| **Bauart:** | Einzylinder, Viertakt |

1971 gründete Alan Clews die Firma CCM Motorcycles Ltd. um seine Motocross-Leidenschaft durch den Bau von Motorrädern nach seinen eigenen Vorstellungen auszuleben. Von Beginn an kamen in den CCM-Bikes nur Viertaktmotoren zum Einsatz – auch dann noch, als die gesamte Konkurrenz längst auf Zweitakter setzte. Dennoch haben Fahrer wie John Banks auch in den späten 70er-Jahren noch erfolgreich die Viertakt-Fahne hochgehalten. Als Kleinstserien-Hersteller produzierten die Briten bis Ende der 90er-Jahre etwa ein Motorrad pro Woche, um 1998 schließlich die Produktion von 50 auf zunächst 1000 und später 5000 Maschinen jährlich hochzufahren. Nach vielversprechendem Beginn stieß die kleine Manufaktur jedoch schnell an ihre Grenzen, die Kosten für den europaweiten Vertrieb und das entsprechende Marketing bei gleichzeitiger Erhöhung der Produktion führten zu finanziellen Schwierigkeiten und im Jahre 2004 sogar zur Insolvenz. Doch die Firma, an der auch Superbike-Legende Carl Fogarty beteiligt ist, fand neue Kapitalgeber, denen wir auch die CCM R 30 verdanken.

# CZ

CZ begann 1918 mit der Produktion von Waffen und Zahnrädern. 1931 brachte die Ceská Zbrojovka ihr erstes Serienmotorrad auf den Markt. Es folgten bald größere Modelle mit 175-, 250- und 350-ccm-Zweitaktmotoren. Nach 1945 wurde der Betrieb verstaatlicht. Aufgrund der von der Regierung angeordneten Vereinheitlichung der Fahrzeugproduktion kooperierte CZ ab 1949 eng mit dem zweiten großen tschechischen Motorradhersteller Jawa. Trotz des Zusammenschlusses bewahrte sich CZ eine gewisse Eigenständigkeit. Der Export der 125- bis 250-ccm-Zweitakter in westliche Länder florierte, nach Skandinavien wurden auch Einbaumotoren geliefert. Ab 1955 engagierte sich Jawa-CZ beim Straßenrennsport. Mit Motocross-Modellen wie der MC 250 feierten die Tschechen große Erfolge bei Geländewettbewerben. Doch im Westen ließen sich die veralteten Zweitakter kaum noch verkaufen. Das Motorrad war ein modisches Freizeitgerät geworden. Anfang der 80er-Jahre wurde die Produktion eingestellt.

| | |
|---|---|
| **Modell:** | MC 250 |
| **Baujahr:** | 1974 |
| **Leistung:** | 34 PS |
| **Hubraum:** | 246 ccm |
| **Bauart:** | Einzylinder, Viertakt |

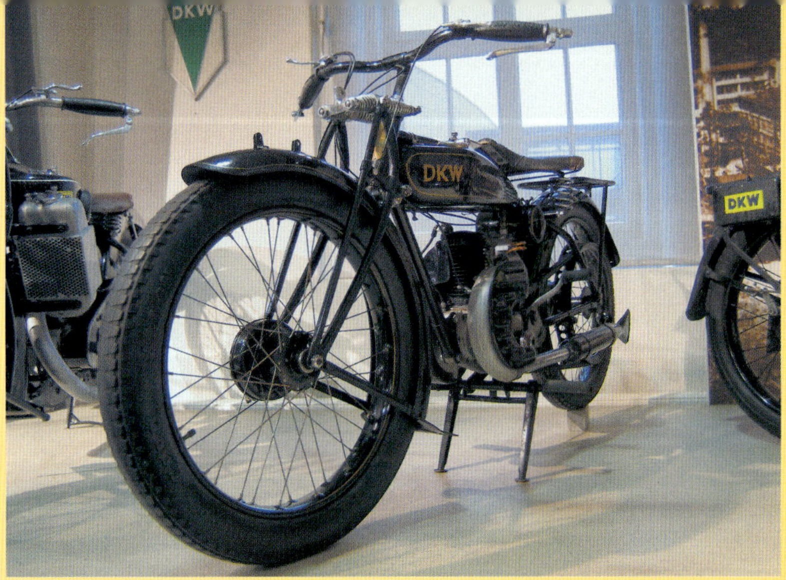


# DKW

| | |
|---|---|
| **Modell:** | E 200 |
| **Baujahr:** | 1929 |
| **Leistung:** | 4 PS |
| **Hubraum:** | 199 ccm |
| **Bauart:** | Einzylinder, Viertakt |

**Das erste DKW-Motorrad war 1922 das Reichsfahrt-Modell. Den Namen erhielt der kleine Flitzer nach der gewonnenen ADAC-Reichsfahrt. Um die Produktion zu steigern, wurde erstmalig im Motorradbau 1926 eine Fließbandfertigung eingerichtet. Die E 200 wurde zur meistgefahrenen Maschine ihrer Klasse. Auch im Rennsport blieb DKW erfolgreich. 1928 wurde DKW mit 2400 Beschäftigten und gut 45 000 pro--duzierten Maschinen weltgrößter Motorradhersteller. 1939 rollte das 500 000. DKW-Motorrad vom Band. Ab 1952 hieß das ehemalige DKW-Werk nun VEB Motorradwerk Zschopau. Doch schon in dieser Zeit war das Ende des Motorradgeschäftes abzusehen.**

# DKW NZ 350

Als Nachfolgemodell der erfolgreichen SB-Baureihe kam 1939 die neue NZ-Generation mit 250 und 350 ccm Hubraum auf den Markt. DKW pries die Modelle als bequem, leicht und handlich an. Die 250er kam auf 9 PS, die 350er auf 11,5 PS Motorleistung. Doch der Zweite Weltkrieg machte DKW schon bald einen Strich durch die Rechnung, die Produktion von „zivilen Luxusfahrzeugen" musste weitgehend eingestellt werden.

| | |
|---|---|
| **Modell:** | NZ 350 |
| **Baujahr:** | 1939 |
| **Leistung:** | 11,5 PS |
| **Hubraum:** | 346 ccm |
| **Bauart:** | Einzylinder, Viertakt |

# DKW RT 200 VS

Die logische Fortsetzung der DKW-Zweitakt-Tradition erfolgte nach 1945 im Osten bei MZ in Zschopau und im Westen bei DKW in Ingolstadt. Aus Bayern kam 1955 als echte Komfortmaschine die DKW RT 200 VS. Das VS stand für Vollschwingenrahmen, die RT ließ ihre Fahrer „wie auf einer Wolke schweben". Doch 1958 war es mit dem Luxus vorbei, DKW stellte die Motorradproduktion ein.

| | |
|---|---|
| **Modell:** | RT 200 VS |
| **Baujahr:** | 1955 |
| **Leistung:** | 11 PS |
| **Hubraum:** | 197 ccm |
| **Bauart:** | Einzylinder, Viertakt |

# DUCATI

Ducati präsentierte 1947 den Kleinmotor Cucciolo mit 48 ccm. Über 60 000 Stück konnten schon im ersten Jahr abgesetzt werden. Weitere Zweiräder folgten. Als 1952 der Ingenieur Fabio Taglioni kam, sollte dieser dem Image von Ducati für ein halbes Jahrhundert den Stempel aufdrücken. In den 60er-Jahren erschienen neben kleinen Zweitaktern Serienviertakter mit Königswelle und zusätzlicher Desmodromik bei den Sport-Modellen, so die Mark 3, mit der Ducati den US-Markt eroberte. Aus dem Versuch, mit einer 500er-Rennmaschine im Grand-Prix-Sport Fuß zu fassen, entstand 1970 der legendäre 750-L-Twin. Als die Sportversion 1972 sensationell einen Doppelsieg in Imola feierte, stieg die Nachfrage steil an. Die spätere 900er-Variante war im ersten Produktionsjahr das schnellste Serienmotorrad der Welt. Dennoch kam das Werk in Schwierigkeiten. Ducati wurde 1984 vom Cagiva-Konzern übernommen, der eine ganz neue Modellpalette entwickelte. An diesem Konzept hält Ducati bis heute mit Erfolg fest. Die abgebildete 450 R/T war im Jahr 1971 die Rennmaschine der italienischen Nationalmannschaft.

| | |
|---|---|
| **Modell:** | 450 R/T |
| **Baujahr:** | 1971 |
| **Leistung:** | 36 PS |
| **Hubraum:** | 436 ccm |
| **Bauart:** | Einzylinder, Viertakt |

# Ducati 900 Super Sport

| | |
|---|---|
| **Modell:** | 900 Super Sport |
| **Baujahr:** | 1976 |
| **Leistung:** | 75 PS |
| **Hubraum:** | 864 ccm |
| **Bauart:** | V-Zweizylinder, Viertakt |

Der Prototyp des Königswellen-Zweizylinders erschien als 750 GT im August 1970. Nach dem Doppelsieg in Imola kam zunächst eine Kleinauflage der 750er-Super-Sport mit Desmodromik, dann die Serienversion. Ihr folgte 1975 zusätzlich diese 900 Super Sport, die auf dem ein Jahr vorher präsentierten Tourer 860 GT basierte. Dank entsprechender Übersetzung schlug sie sogar die 900er-Kawasaki in der Höchstgeschwindigkeit und war mit 225 km/h das schnellste Serienmotorrad der Welt.

# Ducati 350 F3

1985 stellte Ducati auf der Mailänder Messe unter anderem die 350 F3 vor. Das flotte Sportmotorrad erfreute sich sehr bald größter Beliebtheit und wurde aufgrund einer Reihe von Sondermodellen wie Montjuich, Santamonica und Laguna Seca zu einer stabilen Säule im Modellprogramm der Italiener.

| | |
|---|---|
| **Modell:** | 350 F3 |
| **Baujahr:** | 1987 |
| **Leistung:** | 39 PS |
| **Hubraum:** | 349 ccm |
| **Bauart:** | Zweizylinder, Viertakt |

# Ducati 851 SP

1988 präsentierte Ducati mit der 851 erstmals ein Superbike mit wassergekühltem Viertil-Triebwerk. Die als SP- und Strada-Version erhältliche 851 verkaufte sich recht gut, was neben ihrem Leistungsvermögen – die stärkere SP-Version brachte es auf 100 PS – auch auf das endlich wieder und von den Fans lang vermisste supersportliche Design zurückzuführen war.

| | |
|---|---|
| **Modell:** | 851 SP |
| **Baujahr:** | 1989 |
| **Leistung:** | 100 PS |
| **Hubraum:** | 851 ccm |
| **Bauart:** | V-Zweizylinder, Viertakt |

# Ducati 916/996

1994 kommt die längst zur Legende gewordene Ducati 916 in den Ausführungen Strada und SP auf den Markt. Das fantastische Design, der druckvolle und charakterstarke Desmo-V2 und zahlreiche Details wie der patentierte Lenkungsdämpfer, die prächtige Einarmschwinge oder das brachial unters Heck gehämmerte Doppelrohr machen dieses Motorrad zu einem Meilenstein im Motorradbau. Zumal die Qualität des ultrastabilen Fahrwerks bis heute Standards setzt. So gewinnt Carl Fogarty gleich im ersten Jahr mit der 916 Racing die Superbike-WM – zahlreiche weitere Siege sollten folgen. 1999 erhielt die 916 eine Hubraumaufstockung auf 996 ccm. Das brachte ihr auch eine neue Namensgebung ein: Sie wurde zur Ducati 996.

| | |
|---|---|
| **Modell:** | 996 |
| **Baujahr:** | 2000 |
| **Leistung:** | 112 PS |
| **Hubraum:** | 996 ccm |
| **Bauart:** | V-Zweizylinder, Viertakt |

# Ducati Monster S4R

| | |
|---|---|
| **Modell:** | Monster S4R |
| **Baujahr:** | 2004 |
| **Leistung:** | 117 PS |
| **Hubraum:** | 996 ccm |
| **Bauart:** | V-Zweizylinder, Viertakt |

1992 läutete die Ducati Monster 900 das Comeback der Naked Bikes ein. Das Fahrwerk stammt von der Ducati 888, das zeitlose Design von Signore Galluzzi, einem Mitarbeiter des Design-Studios von Massimo Tamburini in San Marino. Im Laufe der Zeit bot Ducati zahlreiche Monster-Versionen an. Der Einstieg beginnt mit der 620er-Variante und 63 PS, während am oberen Ende der Modellreihe die Monster S4R mit dem 117 PS starken V2 der Ducati 996 für gehobenen Fahrspaß sorgt. Seit 2005 gibt es auch eine S2R, deren luftgekühlter 800er-V2 zwar „nur" 77 PS leistet, dafür aber mit der herrlichen Alu-Einarmschwinge und den hochverlegten Doppelrohren der S4R gesegnet ist.

# Ducati 999

Als Nachfolger einer Legende hat man es nicht leicht. Das musste auch die Ducati 999 bei ihrem Debüt im Jahre 2002 erfahren. Seitdem muss sie damit leben, dass sie nicht als so außergewöhnlich großer Wurf wie ihre Vorgängerin, die 916, angesehen wird. Was allerdings nicht an ihren technischen Qualitäten liegt: Das Fahrwerk ist ein Muster an Präzision, und in der Topversion 999 R leistet der Testastretta-Motor nun unglaubliche 150 PS. Nicht schlecht für ein V2-Aggregat! Die umstrittene Optik allerdings sorgte nicht nur unter Ducatisti für heiße Diskussionen. Durch ein sachtes Facelifting zur Saison 2005 versucht Ducati, das Design in Richtung Mehrheitskonformität zu glätten.

| | |
|---|---|
| **Modell:** | 999 |
| **Baujahr:** | 2005 |
| **Leistung:** | 140 PS |
| **Hubraum:** | 998 ccm |
| **Bauart:** | V-Zweizylinder, Viertakt |

# FN

Die berühmte belgische Motorradmarke, die Fabrique Nationale d'Armes de Guerre – kurz FN, begann 1901 mit der Herstellung motorisierter Zweiräder. Das erste Motorrad, das die Werkshallen in Herstal verließ, bestand aus einem simplen Fahrradrahmen. Berühmt wurden die Belgier mit dem im Jahre 1904 ersten serienmäßig hergestellten Vierzylinder-Motorrad. Genau wie die schweren Vierzylinder waren auch die Einzylinder-Modelle, wie etwa die M 70, ausgesprochen zuverlässig. Mitte der 50er-Jahre lösten preiswerte Zweitakter die nicht mehr zeitgemäße M-XIII-Viertakt-Reihe ab. FN stellte die Motorradproduktion 1962 endgültig ein.

| | |
|---|---|
| **Modell:** | M 70 |
| **Baujahr:** | 1935 |
| **Leistung:** | 10 PS |
| **Hubraum:** | 348 ccm |
| **Bauart:** | Einzylinder, Viertakt |

# FN M 13

1946 erschien bei FN mit der M 13 eine vollkommen neu entwickelte Baureihe. Das zuverlässige Motorrad war in verschiedenen Versionen von 250 bis 450 ccm und als Seitenventiler sowie kopfgesteuert erhältlich. Im Angebot der Belgier befand sich auch eine Behörden-Version. Auffälliges Detail der modernen Maschine war die gewaltige geschobene Schwinggabel mit weit nach vorne reichendem Gabelkörper mit Federung über Gummibänder oder später Spiralfedern. Die Produktion endete 1958.

| | |
|---|---|
| **Modell:** | M 13 |
| **Baujahr:** | 1948 |
| **Leistung:** | 11 PS |
| **Hubraum:** | 449 ccm |
| **Bauart:** | Einzylinder, Viertakt |

# GILERA

| | |
|---|---|
| **Modell:** | 500 Rondine |
| **Baujahr:** | 1936 |
| **Leistung:** | 75 PS |
| **Hubraum:** | 493 ccm |
| **Bauart:** | Vierzylinder, Viertakt |

**Internationale Aufmerksamkeit erregte Gilera 1931 mit dem Gewinn der Sechstagefahrt. Untrennbar ist der Name Gilera mit den legendären Vierzylinder-Rennmaschinen verbunden. Beginnend mit der Kompressor-Rondine in den 30er-Jahren erlangten ihre saugenden Nachfolger in den 50er-Jahren sechs Straßenweltmeisterschaften und unzählige Rennsiege. Ein weiteres Erfolgsmodell war der noch vor dem Zweiten Weltkrieg entwickelte Einzylinder Saturno 500. Das mit Abstand meistgebaute Modell war die zum 50. Firmenjubiläum 1959 erschienene Giubileo. Mit der Übernahme durch den Piaggio-Konzern 1969 wurden die Gilera-Mokicks über ausgewählte Vespa-Händler vertrieben. Höhepunkt der Offroad-Erfolge waren drei Siege bei der Rallye Paris–Dakar (1990, 1991, 1992). Dann brach der wichtige 125er-Markt in Italien zusammen, und die Piaggio-Zentrale schloss 1995 das traditionsreiche Werk in Arcore.**

# Gilera Saturno 500

In unmittelbarer Weiterentwicklung des ohv-Einzylinders Otto Bulloni entstand sofort nach dem Zweiten Weltkrieg die Saturno, das wohl weltweit bekannteste Straßenmotorrad von Gilera. In verschiedenen Evolutionsstufen erreichte sie über die Version 1946 mit Trapezgabel und Scherendämpfung am Hinterrad schließlich diese Ausstattung mit Telegabel und Schwinge, die bis 1958 auch in verschiedenen Behörden-Versionen gebaut wurde.

| | |
|---|---|
| **Modell:** | Saturno 500 |
| **Baujahr:** | 1951 |
| **Leistung:** | 22 PS |
| **Hubraum:** | 499 ccm |
| **Bauart:** | Einzylinder, Viertakt |

# Gilera Giubileo 124 Cross

Zum 50. Firmenjubiläum erschien 1959 die Gilera Giubileo, die in den folgenden Jahren in vielen Varianten als Straßen- oder Geländemotorrad zwischen 98 und 202 ccm bis 1970 gebaut wurde. Aufgrund ihrer Sparsamkeit und Zuverlässigkeit wurde sie zum meistverkauften Gilera-Modell. Bei GS-Wettbewerben war die italienische Nationalmannschaft mehrfach damit erfolgreich, hier eine Version für Motocross vom Tuner Mario Bessone.

| | |
|---|---|
| **Modell:** | Giubileo 124 Cross |
| **Baujahr:** | 1966 |
| **Leistung:** | 18 PS |
| **Hubraum:** | 124 ccm |
| **Bauart:** | Einzylinder, Viertakt |

# Gilera Piuma 560

Nachdem die Serienmaschine Nuovo Saturno Bialbero ab 1988 für Furore sorgte und häufig in der damals populären Supermono-Formel eingesetzt wurde, bot das Werk engagierten Rennfahrern ein Jahr später auch wieder eine moderne Piuma an, die den Motor der RC 600 in ihrem Alu-Rahmen trug. Die als reine Rennmaschine konstruierte Piuma erreichte eine Spitze von über 215 km/h und siegte unter Fahrern wie Tardozzi oder Cathcart.

| | |
|---|---|
| **Modell:** | Piuma 560 |
| **Baujahr:** | 1990 |
| **Leistung:** | 62 PS |
| **Hubraum:** | 569 ccm |
| **Bauart:** | Einzylinder, Viertakt |

# Harley-Davidson

In einem Hinterhof in Milwaukee/Wisconsin stellen die Davidson-Brüder Walter und Arthur mit William „Bill“ Harley 1903 ihr erstes Motorrad fertig. Bis 1909 war die Firma so sehr gewachsen, dass die Harley-Davidson Motor Company Incorporated gegründet wurde. Das Modell 61 war das erste Motorrad mit dem bis heute typischen 45-Grad-V2-Motor. 1920 wurde Harley-Davidson amerikanischer Marktführer und später sogar größter Motorradhersteller der Welt. Die Company überstand die Wirtschaftskrise und die Weltkriege. Auch überlebte Harley-Davidson als einziger amerikanischer Motorradhersteller die Nachkriegszeit. 1999 wurde der neue Big-Twin-Motor Twin Cam 88 mit zwei Nockenwellen eingeführt. 2002 präsentierte die Company den spektakulären Power-Cruiser V-Rod. Die erste „wassergekühlte“ Harley verkaufte sich gut. Spätestens mit dem 2005 präsentierten V-Rod-Ableger Street Rod hat Harley den Weg für weitere 100 Jahre Firmengeschichte geebnet.

| | |
|---|---|
| **Modell:** | Modell 0 „The First“ |
| **Baujahr:** | 1903 |
| **Leistung:** | 3 PS |
| **Hubraum:** | 400 ccm |
| **Bauart:** | Einzylinder, Viertakt |

# Harley-Davidson Modell 10E

Am Modell 10E von 1914 war die Optik zwar noch ähnlich – Harley verwendete nach wie vor den in der 5D eingeführten IOE-V2 –, aber das Problem Lederriemenantrieb zum Hinterrad war endgültig durch den Einsatz einer Rollenkette als Sekundärantrieb gelöst. An dem abgebildeten Exemplar ist eine zeitgenössische Azetylen-Lampe mit externem Brennstoffbehälter installiert.

| | |
|---|---|
| **Modell:** | Modell 10E |
| **Baujahr:** | 1914 |
| **Leistung:** | 6,5 PS |
| **Hubraum:** | 810 ccm |
| **Bauart:** | V-Zweizylinder, Viertakt |

# Harley-Davidson Modell B

| | |
|---|---|
| **Modell:** | Modell B |
| **Baujahr:** | 1926 |
| **Leistung:** | 8 PS |
| **Hubraum:** | 345 ccm |
| **Bauart:** | Einzylinder, Viertakt |

Als Reaktion auf das vom „Erzfeind" Indian vorgestellte 350-ccm-Einzylinder-Modell Prince bringt Harley 1926 erstmals nach acht Jahren wieder einen Einzylinder. In diesem Modell B werkelte ein seitengesteuerter Viertakter. Diese so genannte SV-Technik (Side Valve) sollte schon bald auch die V2 Big Twins beherrschen.

# Harley-Davidson Modell EL

Das Modell EL begründete 1936 eine neue Ära bei Harley-Davidson. Der später von der Fangemeinde nur Knucklehead (Knöchelkopf) genannte Motor war der erste Serienmotor von Harley mit Overhead-Valves (ohv). Der Knucklehead-Motor kam zunächst mit 1000 ccm. Eine verbesserte Springer-Gabel und riesige Kotflügel waren äußere Erkennungsmerkmale. Die 1000er leistete rund 40 PS und war damit ein wahres Superbike.

| | |
|---|---|
| **Modell:** | Modell EL |
| **Baujahr:** | 1936 |
| **Leistung:** | 40 PS |
| **Hubraum:** | 989 ccm |
| **Bauart:** | V-Zweizylinder, Viertakt |

# Harley-Davidson WLA (Army)

Mit Eintritt der USA in den Zweiten Weltkrieg kam die Produktion von zivilen Maschinen praktisch völlig zum Erliegen. Harley konzentrierte sich – ausgestattet mit einem lukrativen Staatsauftrag – auf die Produktion von Armee-Motorrädern. Von der WLA, einer für die Bedürfnisse der Militärs gestrickten 750er-Flathead-V2, wurden bis Kriegsende insgesamt 88 000 Stück an die Army ausgeliefert.

| | |
|---|---|
| **Modell:** | WLA (Army) |
| **Baujahr:** | 1941 |
| **Leistung:** | 23 PS |
| **Hubraum:** | 743 ccm |
| **Bauart:** | V-Zweizylinder, Viertakt |

# H.-D. FL 74 Duo Glide

Erst 1958 bedachte Harley sein Topmodell mit einer Hinterradfederung, dann aber gleich richtig. In der nun Duo Glide genannten Panhead taten ab diesem Zeitpunkt zwei moderne, hydraulisch gedämpfte Federbeine ihren Dienst. Außerdem bekam die Duo Glide hinten eine hydraulisch unterstützte Öldruckbremse. Mit allem erhältlichen Zubehör ausgestattet, war die Harley-Davidson Duo Glide zu ihrer Zeit das komfortabelste und ebenfalls das kolossalste Motorrad der Welt.

| | |
|---|---|
| **Modell:** | FL 74 Duo Glide |
| **Baujahr:** | 1958 |
| **Leistung:** | 60 PS |
| **Hubraum:** | 1206 ccm |
| **Bauart:** | V-Zweizylinder, Viertakt |

# H.-D. FL Electra Glide

| | |
|---|---|
| **Modell:** | FL Electra Glide |
| **Baujahr:** | 1965 |
| **Leistung:** | 68 PS |
| **Hubraum:** | 1206 ccm |
| **Bauart:** | V-Zweizylinder, Viertakt |

Als Topmodell der Big-Twin-Baureihe kam 1965 ein Motorrad, dessen Name bis in die Neuzeit Legende ist: Electra Glide. Der Name stammt von der Tatsache ab, dass die Panhead FL ab 1965 mit Elektrostarter geordert werden konnte. Eine größere Batterie war vonnöten, auch der Starter wog einiges, sodass man den Rahmen unbedingt verstärken musste. Dieses Mehrgewicht machte die E-Glide lahmer, also mussten mehr Pferdestärken in den Motor. Dafür war er aber nicht ausgelegt. Probleme über Probleme, deren Lösung in einer neuen Motorkonstruktion gipfelte – dem berühmten Shovelhead.

# Harley-Davidson FX Boat-Tail

Die Boat-Tail Super Glide war Harleys allererstes Custombike. Gestylt wurde es 1971 von dem Jungdesigner Willie G. Davidson, einem Enkel eines der Gründerväter der Company. Der Name Boat-Tail erschließt sich dem Betrachter von selbst: Das Heck war ausladend wie ein Boot und ebenso wie ein solches aus Fiberglas gefertigt.

| | |
|---|---|
| **Modell:** | FX Boat-Tail |
| **Baujahr:** | 1971 |
| **Leistung:** | ca. 62 PS |
| **Hubraum:** | 1206 ccm |
| **Bauart:** | V-Zweizylinder, Viertakt |

# Harley-Davidson XR 750

Die Rennmaschine XR 750 wurde zur Legende auf den in Amerika sehr beliebten Dirt-Track-Ovalen. Der Motor basierte auf einer Sportversion der XL, den Rahmen hatte Harley noch von seiner KR im Regal. Mit neuen Zylinderköpfen produzierte die XR 750 stramme 90 PS und rannte bis zu 210 km/h.

| | |
|---|---|
| **Modell:** | XR 750 |
| **Baujahr:** | 1970 bis 1980 |
| **Leistung:** | 90 PS |
| **Hubraum:** | 750 ccm |
| **Bauart:** | V-Zweizylinder, Viertakt |

# H.-D. FLH Electra Glide

Die Electra Glide war und ist nach wie vor der Dinosaurier im Harley-Programm. Dieser voll ausgestattete Tourendampfer war das Vorbild für alle nach ihm gekommenen, schweren Reisemotorräder. Großflächige Schutzbleche, die voluminöse Lenkerverkleidung und die Hartschalenkoffer samt großem Topcase kennzeichnen das Erscheinungsbild dieser großen fahrenden Legende – damals wie heute.

| | |
|---|---|
| **Modell:** | FLH Electra Glide |
| **Baujahr:** | 1979 |
| **Leistung:** | 66 PS |
| **Hubraum:** | 1206 ccm |
| **Bauart:** | V-Zweizylinder, Viertakt |

# H.-D. FXWG Wide Glide

| | |
|---|---|
| **Modell:** | FXWG Wide Glide |
| **Baujahr:** | 1980 |
| **Leistung:** | 68 PS |
| **Hubraum:** | 1338 ccm |
| **Bauart:** | V-Zweizylinder, Viertakt |

Die 1980 erschienene Wide Glide war das bis dahin radikalste Serien-Custombike. Mit abgespeckter Gabel, schmalem 21-Zoll-Rad und der winzigen Lampe sah schon die Front wie individuell umgebaut aus. Der niedrige Sitz, die serienmäßige Sissybar und das Flammendekor auf dem Tank taten ihr Übriges, die Wide Glide wie ein Custombike aussehen zu lassen. Sie wurde eines der erfolgreichsten Modelle der ehrwürdigen Company.

# Harley-Davidson FXST Softail

Die FXST Softail markiert einen Wendepunkt in der Erfolgsgeschichte von Harley-Davidson. Ausgestattet mit dem damals gerade brandneuen Evolution-Motor, der ab 1984 den Shovelhead ablöste, sah ihr Heck aus wie ein Starrrahmen. Doch – wie der Name Softail (deutsch: weiches Hinterteil) schon verrät – war dies nur optisch vorgetäuscht. Mit den Softail-Modellen begann eine einzigartige Erfolgsstory, die bis heute anhält.

| | |
|---|---|
| **Modell:** | FXST Softail |
| **Baujahr:** | 1984 |
| **Leistung:** | 65 PS |
| **Hubraum:** | 1338 ccm |
| **Bauart:** | V-Zweizylinder, Viertakt |

# H.-D. FXSTD Softail Deuce

Mit der Softail Deuce präsentierte Harley-Davidson ein Highlight unter den Factory-Custom-Maschinen, die die Grenzen zwischen Chopper und Cruiser aufhob. Während die Front leicht und schlank ist, erscheint das Heck kraftvoll und gedrungen. Diese Gegensätze spiegeln sich auch beim Design der Räder wider: Vorne dreht sich ein schlankes 21-Zoll-Drahtspeichenrad, während im Heck ein massives 17-Zoll-Vollscheibenrad arbeitet.

| | |
|---|---|
| **Modell:** | FXSTD Softail Deuce |
| **Baujahr:** | 2000 |
| **Leistung:** | 64 PS |
| **Hubraum:** | 1449 ccm |
| **Bauart:** | V-Zweizylinder, Viertakt |

# H.-D. FLHTCI Electra Glide

2003 feierte Harley-Davidson sein 100. Firmenjubiläum und legte seine komplette Modellpalette als „100th Anniversary-Edition" auf. So auch die Electra Glide, die seit 1999 von Harleys neuem Twin-Cam-V2 angetrieben wird. Neben dem seit dem Modelljahr 2003 serienmäßigen hochwertigen CD-Player für die Radioanlage zeichnet sich die Electra Glide durch unübertroffenen Komfort für Fahrer und auch Beifahrer aus.

| | |
|---|---|
| **Modell:** | FLHTCI Electra Glide |
| **Baujahr:** | 2003 |
| **Leistung:** | 67 PS |
| **Hubraum:** | 1449 ccm |
| **Bauart:** | V-Zweizylinder, Viertakt |

# Harley-Davidson VRSCA V-Rod

| | |
|---|---|
| **Modell:** | VRSCA V-Rod |
| **Baujahr:** | 2003 |
| **Leistung:** | 117 PS |
| **Hubraum:** | 1130 ccm |
| **Bauart:** | V-Zweizylinder, Viertakt |

Bei der Präsentation der V-Rod im Jahre 2002 stand die Harley-Welt Kopf: Ein wassergekühlter V2 mit 60-Grad-Zylinderwinkel in einer Harley-Davidson? Nachdem sich die Qualitäten der Maschine herumgesprochen hatten, wich die Skepsis und Begeisterung stellte sich ein. Denn der sportlich elegante Power-Cruiser vermittelt dank dem von Porsche mitentwickelten Revolution-Triebwerk jede Menge Fahrspaß und Fahrkomfort. In Deutschland ist die V-Rod mittlerweile sogar die mit Abstand meistverkaufte Maschine im Harley-Modellprogramm.

# H.-D. Sportster XL 1200 R

Die 1200er-Roadster interpretiert das Sportster-Thema dynamischer denn je: Ihr Evolution-Motor leistet nun höchst präsente 66 PS und ein sattes Drehmoment von 93 Nm. Der breite, polierte Lenker erlaubt dabei eine halbwegs sportliche Sitzhaltung, und am Vorderrad sorgt eine Doppelscheibenbremse für ausreichende Verzögerung. Nicht zuletzt dank der Rückkehr zu Chromspeichenrädern ist die 2005er-Generation die wahrscheinlich schönste, die es bisher gab.

| | |
|---|---|
| **Modell:** | Sportster XL 1200 R |
| **Baujahr:** | 2005 |
| **Leistung:** | 66 PS |
| **Hubraum:** | 1202 ccm |
| **Bauart:** | V-Zweizylinder, Viertakt |

# H.-D. FLSTN Softail Deluxe

Die Softail Deluxe bildet die Synthese aus nostalgisch anmutenden Elementen verschiedener Epochen des Harley-Davidson-Stylings. So montierte Harley an die hinteren Fender ein wunderschönes Tombstone-Rücklicht, die verchromten Shotgun-Auspuffrohre harmonieren bestens mit den Chromabdeckungen des schwarzen Motors und die Weißwandreifen schließlich krönen den Deluxe-Look, der schon auf den ersten Blick pure Klassik verheißt. Das tiefer gelegte Fahrwerk erlaubt dabei eine sehr niedrige Sitzhöhe von lediglich 62 cm.

| | |
|---|---|
| **Modell:** | FLSTN Softail Deluxe |
| **Baujahr:** | 2005 |
| **Leistung:** | 64 PS |
| **Hubraum:** | 1449 ccm |
| **Bauart:** | V-Zweizylinder, Viertakt |

# HENDERSON

In seiner 1911 gegründeten Firma in Detroit/Michigan baute Henderson ein Motorrad mit ungewöhnlich langem Radstand. 1917 fusionierte die Firma mit Excelsior, der Marke des späteren Fahrradgiganten Schwinn. Es entstand das völlig neu entwickelte Modell K mit seitengesteuertem Motor. Wegen ihrer Höchstgeschwindigkeit von etwa 160 km/h erfreuten sich Motorräder von Henderson auch bei der Polizei großer Beliebtheit. Ab 1929 erhielten die Hendersons eine zeittypische Stromlinienform mit großen Schutzblechen und Tropfentank. Schwinn hatte eine Vorahnung von einer drohenden Wirtschaftkrise. So stoppte er 1931 die Produktion der Vierzylinder trotz guter Verkaufszahlen.

| | |
|---|---|
| **Modell:** | K |
| **Baujahr:** | 1925 |
| **Leistung:** | 25 PS |
| **Hubraum:** | 1301 ccm |
| **Bauart:** | Reihen-Vierzylinder, Viertakt |

# Henderson Super-X

| | |
|---|---|
| **Modell:** | Super-X |
| **Baujahr:** | 1998 |
| **Leistung:** | 70 PS |
| **Hubraum:** | 1386 ccm |
| **Bauart:** | V-Zweizylinder, Viertakt |

1990 wurden die Namensrechte von der Hanlon Manufacturing Group gekauft, und so gab es ein paar Jahre später nochmals ein Comeback für Excelsior-Henderson. Am protzigen Firmensitz in Belle Plaine/Minnesota wurde aber lediglich eine Modellreihe, die hier abgebildete Super-X, produziert. Der 1400er-V2 stammte aus dem Aftermarket-Angebot, wie viele andere Teile der Maschine auch. Zu wenig Originalität, um ernsthaft den Kampf um Marktanteile gegen Harley-Davidson aufzunehmen. Ende des Jahres 1999 musste die Firma Konkurs anmelden – nachdem mehrere Millionen Dollar staatlicher Fördermittel schlicht verbrannt worden waren.

# Hercules

1904 stellte Hercules seinen ersten Motorradprototyp vor. Schon von Anfang an war klar, dass sich Hercules aus Kostengründen als Konfektionär betätigt. 1928 brachte Hercules die K 200 mit JAP-Motor und Burman-Getriebe auf den Markt. Entgegen dem Trend bot man den Kunden eine Modellpalette von der 75er bis zur Halblitermaschine an. Die Typenvielfalt konnte jedoch nicht durchgehalten werden. Ab 1941 gehörte das Unternehmen als Hercules Werke GmbH zur Fürther Firma Dr. Carl Soldan. Das Überleben gesichert haben der alten Marke nach dem Krieg die 100-ccm-Modelle. 1962 kaufte sich der Schweinfurther Motorenhersteller Fichtel & Sachs bei Hercules ein. Mit dem Kauf von Fichtel & Sachs durch den Mannesmann-Konzern im Jahre 1995 wurde Hercules mitsamt dem Markennamen an die holländische ATAG-Gruppe verkauft. Motorisierte Zweiräder verblieben unter der Firmierung Sachs Fahrzeug- und Motorentechnik in Nürnberg.

| | |
|---|---|
| **Modell:** | K 200 |
| **Baujahr:** | 1931 |
| **Leistung:** | 8,5 PS |
| **Hubraum:** | 200 ccm |
| **Bauart:** | Einzylinder, Zweitakt |

# Hercules 313

Mit der 313 verwendete Hercules erstmals den neu konstruierten 150er-Fichtel-&-Sachs-Motor, der als unverwüstlich galt und gut mit dem Image der Nürnberger Motorenwerke in Einklang stand. In acht einzelnen Raten konnte der Einzylinder abgestottert werden. Wessen Geldbeutel etwas dicker war, für den gab es neben verchromten Teilen auch noch die Geradwegfederung hinten von Carl Jurich aus dem fränkischen Wappeltshofen.

| | |
|---|---|
| **Modell:** | 313 |
| **Baujahr:** | 1951 |
| **Leistung:** | 6,5 PS |
| **Hubraum:** | 150 ccm |
| **Bauart:** | Einzylinder, Viertakt |

# Hercules 319

Die Ablösung für die 314 in der versicherungsgünstigen 175er-Klasse hieß 319. Anstatt des ILO-Motors arbeitete ein Fichtel-&-Sachs-Aggregat. Die serienmäßig als Einsitzer angebotene Maschine konnte noch durch einen Sitz für den Sozius inklusive Fußrasten sowie einen Reibscheibenlenkungsdämpfer ergänzt werden.

| | |
|---|---|
| **Modell:** | 319 |
| **Baujahr:** | 1953 |
| **Leistung:** | 9,5 PS |
| **Hubraum:** | 173 ccm |
| **Bauart:** | Einzylinder, Viertakt |

# Hercules 322

| | |
|---|---|
| **Modell:** | 322 |
| **Baujahr:** | 1953 |
| **Leistung:** | 15,1 PS |
| **Hubraum:** | 246 ccm |
| **Bauart:** | Zweizylinder, Zweitakt |

Das Topmodell der 3er-Reihe. Ein ILO-Twin arbeitete im Schwingenrahmen, der liebevoll der „Sänger von Pinneberg" genannt wurde. In der Ausstattung brilliert vor allem die vom Zulieferer Jurisch entwickelte Pränafa-Trommelbremse, deren Biss auch im Seitenwagenbetrieb mehr als ausreichend galt.

# Hercules K 100

Anfang der 60er-Jahre war die K 100 der Verkaufsschlager aus Nürnberg, und ihr ist es vor allen anderen Modellen zu verdanken, dass Hercules die deutsche Zulassungsstatistik 1960 mit 32 Prozent anführte. Attraktiv war vor allem der Anschaffungspreis. Im Plus standen auch die 75 km/h. Das ließ viele Käufer über Mängel wie den einstellungsempfindlichen Drehgriffschalter und den schwach dimensionierten Einrohrrahmen hinwegsehen.

| | |
|---|---|
| **Modell:** | K 100 |
| **Baujahr:** | 1956 |
| **Leistung:** | 5,2 PS |
| **Hubraum:** | 98 ccm |
| **Bauart:** | Einzylinder, Zweitakt |

# Hercules W 2000

| | |
|---|---|
| **Modell:** | W 2000 |
| **Baujahr:** | 1973 |
| **Leistung:** | 27 PS |
| **Hubraum:** | 294 ccm |
| **Bauart:** | Kreiskolbenmotor |

Ab Mitte der 60er-Jahre experimentierte Sachs an der Entwicklung eines Kreiskolbenmotors. 1970 präsentierte Hercules schließlich den ersten Prototyp der W 2000, die im Jahre 1973 in Serie gehen sollte. Die Leistungsausbeute war mit 25 PS allerdings recht bescheiden. Dazu gesellten sich technische Probleme wie ein überfordertes Kühlgebläse und Vibrationen, die der Wankel-Hercules zu schaffen machten. Gegen die immer leistungsstärkeren und günstigeren Kräder aus Japan hatte die W 2000 nicht viel zu bestellen, weshalb die Produktion 1979 eingestellt wurde.

# Hercules GS 250

Für ein breites Spektrum im Geländesport entwickelte Sachs einen Sportmotor mit Siebenganggetriebe. Der weitestgehend aus Magnesium gefertigte, extrem leichte Motor war mit neuartigen Schmiedekolben ausgerüstet, die Kurbelwelle dreifach rillenkugelgelagert und das Hubzapfenlager des Pleuels auf extreme Belastungen ausgelegt. Auf den Wettkampf abgestimmt war auch der Kickstarter, der direkt auf die Kurbelwelle einwirkte, sodass in jedem Gang bei gezogener Kupplung der Motor wieder angetreten werden konnte. Das kurz ausgelegte Fahrwerk war auch für Nichtprofis gut beherrschbar.

| | |
|---|---|
| **Modell:** | GS 250 |
| **Baujahr:** | 1976 |
| **Leistung:** | 26 PS |
| **Hubraum:** | 245 ccm |
| **Bauart:** | Einzylinder, Zweitakt |

# Honda

| | |
|---|---|
| **Modell:** | Dream (Typ D) |
| **Baujahr:** | 1950 |
| **Leistung:** | 3 PS |
| **Hubraum:** | 98 ccm |
| **Bauart:** | Einzylinder, Viertakt |

Mit pfiffigen Ideen hat Soichiro Honda die Motorradtechnik revolutioniert. Mit seinem Partner Takeo Fujisawa wurde im September 1948 die Honda Motor Company gegründet, und 1950 trug knapp die Hälfte aller in Japan gebauten Motorräder das Honda-Logo. Ende 1951 brachte Honda das erste ohv-Viertakt-Motorrad auf den Markt. Die 250er-Dream C70 von 1957, eine Eigenentwicklung, sollte Vorreiter vieler weiterer Honda-Modelle werden. Ende 1968 präsentierte Honda die CB750 Four. Sie war die erste Vierzylinder-Großserienmaschine der Welt, und mit diesem Bike wollte Honda den Motorradmarkt weltweit erobern. Bis 1968 hatte man bereits über zehn Millionen Maschinen gebaut. Aber auch das Know-how stimmte. Immerhin konnte Honda bis zu diesem Zeitpunkt auf insgesamt 16 WM-Titel zurückblicken. Die CB750 Four wurde zum Bestseller, bis 1978 rollten über eine Million Maschinen vom Band! Hier im Bild das erste wirklich echte Honda-Motorrad, die Honda Dream aus dem Jahre 1950.

# Honda CB72

Die CB72 setzte weltweit neue Maßstäbe. So hohe Leistungen kannte man bis dahin nur von riesigen Maschinen, die in der Regel unhandlich, unzuverlässig und immer ölig waren. Die hochtourige CB72 war dagegen völlig öldicht. Der kompakte Rohrrahmen, die hochwirksamen Bremsen und die 12-V-Elektrik setzten neue Zeichen.

| | |
|---|---|
| **Modell:** | CB72 |
| **Baujahr:** | 1960 |
| **Leistung:** | 24 PS |
| **Hubraum:** | 247 ccm |
| **Bauart:** | Reihen-Zweizylinder, Viertakt |

# HONDA CB450 1965

Als die CB450 1966 auf den Markt kam, war sie die bis dahin hubraumstärkste Honda aller Zeiten. Gleichzeitig wartete sie mit einer Reihe technischer Aspekte auf, die man in der 500er-Klasse bis dahin noch nie gesehen hatte. Für den Antrieb sorgte ein Zweizylindermotor mit doppelter, oben liegender Nockenwelle. Eine kleine Sensation waren die in Form von Drehstäben ausgeführten Ventilfedern. Passend zu ihrer hohen Motorleistung und Spitzengeschwindigkeit erhielt die weitgehend schwarz lackierte Maschine rasch den Spitznamen „Black Bomber".

| | |
|---|---|
| **Modell:** | CB450 1965 |
| **Baujahr:** | 1965 |
| **Leistung:** | 43 PS |
| **Hubraum:** | 444 ccm |
| **Bauart:** | Reihen-Zweizylinder, Viertakt |

# Honda RC166

Hondas Grand-Prix-Rennmotorrad RC166 wird nach wie vor als das technische Glanzlicht überhaupt angesehen. Der verblüffende Sechszylinder drehte unglaubliche 17000 Touren, hatte 24 Ventile und doppelte, oben liegende Nocken. Der legendäre Mike Hailwood fuhr 1966 zehn Siege in zwölf Rennen auf der überragenden RC166 in der 250er-GP-Klasse ein. Eine verbesserte Version, die RC174, bewährte sich in der 350er-Kategorie, als Hailwood jeden GP gewann.

| | |
|---|---|
| **Modell:** | Honda RC166 |
| **Baujahr:** | 1966 |
| **Leistung:** | mehr als 60 PS |
| **Hubraum:** | 249 ccm |
| **Bauart:** | Sechszylinder, Viertakt |

# Honda CB750 Four

| | |
|---|---|
| **Modell:** | CB750 Four |
| **Baujahr:** | 1969 |
| **Leistung:** | 67 PS |
| **Hubraum:** | 736 ccm |
| **Bauart:** | Vierzylinder, Viertakt |

Bei ihrer Vorstellung auf der Tokyo Motor Show 1968 begeisterte die CB750 die Fachjournalisten und Fans. Diese Vierzylindermaschine stellte eine neue Epoche in der Geschichte des Motorradbaus dar. Sie setzte neue Maßstäbe für Fahrkultur und Ausstattung: oben liegende Nockenwelle, Scheibenbremse vorn, Fünfganggetriebe, Elektrostarter und eine erstklassige Verarbeitung. Damit hatte Honda das erste Superbike auf die Straße gestellt. 1969 gewann die CB750 Four den Bol d'Or und im Jahr darauf auch die 200 Meilen von Daytona.

# Honda CB500 Four

Nach dem fulminanten Auftritt der CB750 machte man sich bei Honda daran, das Vierzylinder-Konzept auch auf kleinere Hubraumklassen zu übertragen. Die kompakte CB500 beeindruckte mit Laufkultur, Komfort und Zuverlässigkeit, wobei sie auch für den Soziusbetrieb ausreichende Kraftreserven mitbrachte. Ihre Höchstgeschwindigkeit lag nur circa 15 km/h unter der ihrer großen Schwester. Davon und von ihrem günstigen Preis ließen sich Anfang der 70er-Jahre viele sportlich orientierte Fahrer gern überzeugen.

| | |
|---|---|
| **Modell:** | CB500 Four |
| **Baujahr:** | 1971 |
| **Leistung:** | 48 PS |
| **Hubraum:** | 498 ccm |
| **Bauart:** | Reihen-Vierzylinder, Viertakt |

# Honda CB400 Four

Einen echten Klassiker stellte Honda 1975 mit der CB400 Four vor, die auf Anhieb ein Verkaufserfolg wurde. Der sportliche Touch stand bei diesem Modell eindeutig im Vordergrund. Klare Linienführung und farbintensive Lackierungen waren die optischen Markenzeichen dieser Maschine, die als erste mit einer markanten Vier-in-Eins-Auspuffanlage ausgestattet war. Wer reinrassiges Fahrvergnügen im feinsten Café-Racer-Stil suchte, war hier mit der 400er-Four bestens bedient.

| | |
|---|---|
| **Modell:** | CB400 Four |
| **Baujahr:** | 1974 |
| **Leistung:** | 37 PS |
| **Hubraum:** | 408 ccm |
| **Bauart:** | Reihen-Vierzylinder, Viertakt |

# Honda GL1000 Gold Wing

Die Gold Wing, die ihren Namen von Hondas traditionellem Firmenemblem erhielt, setzte neue Maßstäbe bei Leistung und Komfort im Motorradbau. Die Motorradwelt war von der gewaltigen Größe und der Luxusausstattung dieses neuen Supertourers und dessen wassergekühlten Vierzylinder-Boxermotors fasziniert. Die Gold Wing entstand aus der „King of Motorcycles", einem Prototyp aus dem Jahre 1972 mit Sechszylinder-Boxermotor. 1980 erhielt die GL einen neuen 1100-ccm-Motor.

| | |
|---|---|
| **Modell:** | GL1000 Gold Wing |
| **Baujahr:** | 1974 |
| **Leistung:** | 80 PS |
| **Hubraum:** | 996 ccm |
| **Bauart:** | Vierzylinder-Boxer, Viertakt |

# Honda CBX1000

Bereits in den 60er-Jahren hatte Honda der staunenden Fachwelt vorexerziert, wie man sechs Zylinder auf der Rennstrecke mustergültig zum Laufen bringt. 1978 ließ Honda dann mit der Ankündigung eines straßentauglichen Sechszylinders eine weitere Bombe platzen. Vorangetrieben wurde das Projekt von dem brillanten Ingenieur Soichiro Irimajiri, der später zum Geschäftsführer bei Honda Motor Co. aufsteigen sollte.

| | |
|---|---|
| **Modell:** | CBX1000 |
| **Baujahr:** | 1979 |
| **Leistung:** | 105 PS |
| **Hubraum:** | 1047 ccm |
| **Bauart:** | Sechszylinder, Viertakt |

# Honda VF750S

1982 schlug Honda mit der V4-Konfiguration der VF750S einen neuen Weg im Hochleistungsbereich ein. Hier verbanden sich die Leistung und Laufkultur eines Reihen-Vierers mit dem enormen Drehmoment eines großen V-Motors. Gleichzeitig baute die V4-Konfiguration schmaler als ein Reihen-Vierer. Bereits in seiner ersten Version lieferte der flüssigkeitsgekühlte 90-Grad-V4-Motor mit 16 Ventilen satte 82 PS.

| | |
|---|---|
| **Modell:** | VF750S |
| **Baujahr:** | 1982 |
| **Leistung:** | 82 PS |
| **Hubraum:** | 748 ccm |
| **Bauart:** | V-Vierzylinder, Viertakt |

Obwohl die Kurbelwelle quer zur Fahrtrichtung stand, erfolgte der Endantrieb per Kardanwelle. Vorne arbeitete ein Anti-Dive-System, und für die Hinterradaufhängung war ein Zentralfederbein zuständig.

# Honda VT250F

Bis in die frühen 80er-Jahre glaubte man, dass Hochleistung in der 250er-Klasse eine Domäne der Zweitakter sei. Dann kam die VT250F und bewies das Gegenteil. Der flüssigkeitsgekühlte V2-Motor mit klassischem 90-Grad-Zylinderwinkel drehte quirlig hoch und hatte auch optisch alles zu bieten, was sportliche Fahrer sich damals in jungen Jahren wünschten: zum Beispiel eine vorbildliche Gewichtsverteilung, ein solides Chassis mit Pro-Link-Hinterradaufhängung und einer Scheibenbremse vorne.

| | |
|---|---|
| **Modell:** | VT250F |
| **Baujahr:** | 1982 |
| **Leistung:** | 35 PS |
| **Hubraum:** | 248 ccm |
| **Bauart:** | V-Zweizylinder, Viertakt |

# Honda VF500 F2

Spätestens seit Einführung der CB750 Four im Jahre 1968 galt Honda als Trendsetter. Und das in allen Klassen. 1984 brachte der weltgrößte Motorradhersteller die VF-Modellgeneration mit wassergekühlten Vierzylinder-Viertakt-V-Triebwerken auf den Markt. In der sportlichen Mittelklasse war es die 70 PS starke VF500 F2. Mit gut 12.000 U/min war der V4-Motor ein wahres Drehzahlwunder.

| | |
|---|---|
| **Modell:** | VF500 F2 |
| **Baujahr:** | 1984 |
| **Leistung:** | 70 PS |
| **Hubraum:** | 497 ccm |
| **Bauart:** | V-Vierzylinder, Viertakt |

# Honda NXR750

| | |
|---|---|
| **Modell:** | NXR750 |
| **Baujahr:** | 1986 |
| **Leistung:** | mehr als 75 PS |
| **Hubraum:** | 779 ccm |
| **Bauart:** | V-Zweizylinder, Viertakt |

Als die Konkurrenz im Laufe der Jahre zusehends härter wurde, erhielt die Honda Racing Corporation Ende 1984 den Auftrag, eine ganz neue Maschine für die Rallye Paris–Dakar 1986 zu bauen. Das Ergebnis war die NXR750, eine V2-Maschine, wie die Welt sie noch nicht gesehen hatte. Schon rein optisch flößte dieser Siegertyp mit seinem riesigen 59-Liter-Tank und der integrierten Frontverkleidung auf Anhieb Respekt ein. Mit dieser Maschine war das erste Kapitel einer langen Erfolgsgeschichte geschrieben. In den folgenden vier Jahren war Honda auf Siege bei der Rallye Paris–Dakar abonniert.

# Honda VFR750F

Mitte der 80er-Jahre stand die 750er-Klasse hoch im Kurs. Yamaha, Suzuki und Kawasaki verwendeten bewährte Reihen-Vierzylindermotoren. Honda dagegen setzte auf ein aufwändiges, wassergekühltes V4-Triebwerk, den Antrieb der insgesamt vier oben liegenden Nockenwellen organisierten Zahnräder. Ebenfalls Hightech war der Alurahmen, die Federelemente ließen sich vielfach verstellen. Mit 232 km/h Spitze war die VF750F mit großem Abstand Klassenschnellste.

| | |
|---|---|
| **Modell:** | VFR750F |
| **Baujahr:** | 1986 |
| **Leistung:** | 100 PS |
| **Hubraum:** | 748 ccm |
| **Bauart:** | V-Vierzylinder, Viertakt |

# Honda CBR900RR Fire Blade

Mit der CBR900RR definierte Honda das ultimative Supersporterlebnis der 90er-Jahre. Mit einem verblüffend leichten Handling wurde das Leistungspaket dem hohen, selbst gesetzten Anspruch des Modellnamens gerecht. Die ursprünglich nur für eine kleine Marktnische konzipierte Maschine verband erstmals die Leistung einer 900er mit dem Handling einer 600er. Dabei war die hier eingesetzte Technologie an sich nicht unbedingt bahnbrechend. Was den großen Unterschied ausmachte, war die konsequente Umsetzung von Erkenntnissen aus dem Motorsport.

| | |
|---|---|
| **Modell:** | CBR900RR Fire Blade |
| **Baujahr:** | 1993 |
| **Leistung:** | 124 PS |
| **Hubraum:** | 893 ccm |
| **Bauart:** | Reihen-Vierzylinder, Viertakt |

# Honda XRV750 Africa Twin

Schon allein ihr Hubraumwert wies die Africa Twin lange Zeit als die absolute Königin unter den Honda-Enduros aus. Die XRV750 war stark an die NXR750 angelehnt, die in den 80er-Jahren die Pisten zwischen Paris und Dakar regierte. Erkennungszeichen der Africa Twin sind sicherlich ihre mächtige Frontverkleidung mit dem Doppelscheinwerfer und der 52-Grad-V2-Motor mit Sechsventiltechnik. Die Africa Twin wird immer noch gebaut und hat sich als extrem zuverlässiger Abenteuertourer eine treue und ausgesprochen begeisterte Fangemeinde erobert.

| | |
|---|---|
| **Modell:** | XRV750 Africa Twin |
| **Baujahr:** | 1990 |
| **Leistung:** | 59 PS |
| **Hubraum:** | 742 ccm |
| **Bauart:** | V-Zweizylinder, Viertakt |

# Honda F6C

Hondas bis dahin leistungsstärkster Beitrag zum Cruiser- bzw. Chopper-Segment sprengte die gewöhnlichen Maßstäbe dieser Klasse. Die F6C besitzt den mächtigen 1500er-Sechszylindermotor aus der Gold Wing. Was jedoch die F6C von anderen Mega-Cruisern unterscheidet, ist die sensationelle Beschleunigung, sind die leistungsstarken Bremsen und ist ein angesichts der Masse erstaunlich präzises Handling. Besonders in den USA erfreut sich der schwergewichtige Crusier großer Beliebtheit.

| | |
|---|---|
| **Modell:** | F6C |
| **Baujahr:** | 1996 |
| **Leistung:** | 101 PS |
| **Hubraum:** | 1520 ccm |
| **Bauart:** | Sechszylinder-Boxer, Viertakt |

# HONDA VFR

Mit dieser Maschine stellte Honda wieder einmal einen Technologieträger par excellence auf die Räder. Mit Kraftstoffeinspritzung, G-Kat und einem zahnradgetriebenen Ventiltrieb ausgestattet, konnte die VFR in puncto Umweltverträglichkeit einen neuen Maßstab setzen. Außerdem: Das Dual-CBS aktiviert bei Betätigung des Handbremshebels die beiden äußeren Bremskolben der Vorderradbremszange und den mittleren Kolben der Hinterradbremszange. Das Fußbremspedal wirkt auf die äußeren Kolben der Hinterradbremszange und auf den mittleren Kolben der Vorderradbremszangen.

| | |
|---|---|
| **Modell:** | VFR |
| **Baujahr:** | 1998 |
| **Leistung:** | 106 PS |
| **Hubraum:** | 781 ccm |
| **Bauart:** | V-Vierzylinder, Viertakt |

# Honda CB600 Hornet

Seit 1998 auf dem Markt, entwickelte sich die Hornet binnen kürzester Zeit zum absoluten Bestseller im Honda-Programm. Der flott gezeichnete Allrounder besticht durch seinen 94 PS starken 600er-Reihen-Vierzylinder, der vormals im Supersportler CBR600F seinen Dienst verrichtete. Die kleine Hornet ist seit vielen Jahren das meistverkaufte Motorrad in Europa.

| | |
|---|---|
| **Modell:** | CB600 Hornet |
| **Baujahr:** | 1999 |
| **Leistung:** | 94 PS |
| **Hubraum:** | 599 ccm |
| **Bauart:** | Reihen-Vierzylinder, Viertakt |

# Honda VTX1800

Zumindest bei ihrem Debüt war die VTX die absolute Hubraum-Königin unter den immer stärker werdenden Cruisern. Satte 1800 ccm und mehr als 100 PS – auf so etwas hatten viele Cruiser-Fans schon lange gewartet. Mit ihrem eleganten Äußeren, dem wartungsarmen Kardanantrieb, Upside-down-Gabel und Kombibremssystem erfreut sich der Monster-Cruiser großer Beliebtheit.

| | |
|---|---|
| **Modell:** | VTX1800 |
| **Baujahr:** | 2001 |
| **Leistung:** | 105 PS |
| **Hubraum:** | 1795 ccm |
| **Bauart:** | V-Zweizylinder, Viertakt |

# Honda CBR600F Sport

| | |
|---|---|
| **Modell:** | CBR600F Sport |
| **Baujahr:** | 2001 |
| **Leistung:** | 109 PS |
| **Hubraum:** | 599 ccm |
| **Bauart:** | Reihen-Vierzylinder, Viertakt |

Die 2001 vorgestellte neue CBR600-Generation bot Honda in zwei Versionen an: Als „normale" F-Version und als „Sport". Beide Modelle verfügen über einen mittels G-Kat abgasgereinigten 600-ccm-Reihen-Vierzylinder mit 109 PS. Die Sport zeichnet sich durch das Fehlen eines Hauptständers und eine knapper geschnittene Sitzbank aus. Voll einstellbare Federelemente sowie eine hervorragende Bremsanlage besitzen beide – ebenso wie eine für diese Klasse ungewöhnliche Alltagstauglichkeit.

# Honda GL1800 Gold Wing

Mit einem Maximum an Komfort ausgestattet, erschien 2001 eine komplett neue Gold-Wing-Generation. Angetrieben von einem 1,8-Liter-Sechszylinder-Boxermotor mit 119 PS und ausgestattet mit ABS, Kombibremse, Audioanlage, Tempomat und Rückwärtsgang bleiben auch für den verwöhnten Tourenbiker keine Wünsche mehr offen. Allerdings ist der Weg zum Automobil von hier aus auch nicht mehr wirklich allzu weit.

| | |
|---|---|
| **Modell:** | GL1800 Gold Wing |
| **Baujahr:** | 2001 |
| **Leistung:** | 119 PS |
| **Hubraum:** | 1832 ccm |
| **Bauart:** | Sechszylinder-Boxer, Viertakt |

# Honda CBF600S

Gleich in drei Versionen brachte Honda im Jahre 2004 eine neue CBF-Generation auf den Markt. Als 500er-Zweizylinder und als 600er-Vierzylinder wahlweise mit oder ohne Halbschalenverkleidung. Alle Modelle überzeugen durch eine gelungene Optik, ein knackiges Fahrwerk sowie das optionale ABS. Das scheint auch der Kunde so gesehen zu haben, denn die CBF wurde 2004 das meistverkaufte Motorrad.

| | |
|---|---|
| **Modell:** | CBF600S |
| **Baujahr:** | 2004 |
| **Leistung:** | 76 PS |
| **Hubraum:** | 599 ccm |
| **Bauart:** | Reihen-Vierzylinder, Viertakt |

# Horex

Wer von Horex redet, meint die Regina. Nach dem Zweiten Weltkrieg wurde der kernige Single zur meistverkauften 350er-Maschine überhaupt. In Westdeutschland war Ende 1948 Horex die erste Firma, die eine 350er-Maschine günstig anbieten konnte. Es gab wieder Arbeit und es wurde Geld verdient. In den meisten Fällen brauchten die Leute jedoch ein Motorrad, um überhaupt zur Arbeit zu kommen. Ein Auto konnten sich die wenigsten leisten. In den folgenden zwei Jahren konnte Horex weit über 1000 Einheiten vom SB35-Modell verkaufen. Anfang 1949 begann die Entwicklung eines neuen Motorrades. Ende 1949 war es soweit. Horex stellte die 350er-Regina vor. Auf Anhieb etablierte sich der Dampfhammer zum Bestseller. Im Herbst 1951 präsentierten die Bad Homburger auf der IFMA die Imperator. Gleich neben dem 500er-Prototyp von 1951 stand auf dem Podest die 350er-Regina Sport. Doch dann standen die Zeichen für das Zweirad schlecht. Im Oktober 1960 erfolgte der Verkauf an die Daimler-Benz AG.

| | |
|---|---|
| **Modell:** | 350 Regina |
| **Baujahr:** | 1950 |
| **Leistung:** | 18 PS |
| **Hubraum:** | 350 ccm |
| **Bauart:** | Einzylinder, Viertakt |

# Husaberg

| | |
|---|---|
| **Modell:** | FE 550 E |
| **Baujahr:** | 2004 |
| **Leistung:** | 15 PS |
| **Hubraum:** | 549 ccm |
| **Bauart:** | Einzylinder, Viertakt |

Motorräder herzustellen, mit denen man Motocross-, Supermoto- und Enduro-Meisterschaften gewinnen kann, ist das erklärte Ziel von Husaberg. Nachdem 1986 der schwedische Elektrolux-Konzern die Motorrad-Abteilung von Husqvarna an die Cagiva-Group verkaufte, gründeten 1988 fünf ehemalige Husqvarna-Mitarbeiter auf der Halbinsel Husabergs Udde die gleichnamige Firma. Die Markteinführung der Nischenprodukte verlief erfolgreich. 1995 wurde Husaberg schließlich von der KTM Sportmotorcycle AG übernommen. Im Jahre 2000 beabsichtigte KTM, sich wieder von Husaberg zu trennen, da die Österreicher sich ganz auf die eigenen Expansionspläne konzentrieren wollten. Seit Mitte 2004 werden alle Husabergs, wie auch die abgebildete FE 550 E, bei KTM unter deren Qualitätsrichtlinien montiert.

# Husqvarna

Das schwedische Unternehmen Husqvarna wurde 1867 als Waffenfabrik gegründet. Doch schon 1903 erschien das erste Motorrad. 1928 trat mit Folke Mannerstadt einer der besten Ingenieure ins Unternehmen ein und entwickelte einen eigenen 500-ccm-V-Motor. Den finanziellen Erfolg fuhren aber Leichtmotorräder ein, die auch während des Zweiten Weltkriegs und danach verkauft wurden. Nach dem teuren Lehrgeld im Straßenrennsport der Vorkriegszeit orientierte sich das Unternehmen nun abseits der Straße und entschloss sich 1953 zur Teilnahme beim Six Days Trial mit Zweitaktern. Nachdem Rolf Tobblin 1959 Cross-Europameister geworden war, erweiterte man die Angebotspalette. Bill Nilsson errang 1962 und 1963 die Weltmeisterkrone bei den 250ern und 500ern und beendete damit im Motocross endgültig die Ära der dicken Viertakter. In den 70er-Jahren gehörten die Schweden zur Weltspitze, doch seit 1986 kommen Husqvarna-Motorräder nicht mehr aus Schweden, sondern aus Italien, was aber dem Erfolg keinen Abbruch tat. So gehört auch die CR 125 zu den erfolgreichen Rädern der Moto-cross-Klasse.

| | |
|---|---|
| **Modell:** | CR 125 |
| **Baujahr:** | 2000 |
| **Leistung:** | 39 PS |
| **Hubraum:** | 125 ccm |
| **Bauart:** | Einzylinder, Zweitakt |

# Husqvarna TE 510

Zum 100. Geburtstag von Husqvarna sollte im Jahre 2003 eigentlich dieses auf 500 Stück limitierte Sondermodell der TE 510 erscheinen. Die durch den reichlichen Einsatz edler Werkstoffe wie Karbon, Titan und Aluminium aufgewertete Centennial konnte wegen der finanziell angespannten Lage allerdings erst ein Jahr später aufgelegt werden. Durch die hochpreisige und limitierte Ausführung dürfte die Jubiläums-Husky zu den exklusivsten jemals gebauten Enduros gehören.

| | |
|---|---|
| **Modell:** | TE 510 |
| **Baujahr:** | 2004 |
| **Leistung:** | 55 PS |
| **Hubraum:** | 501 ccm |
| **Bauart:** | Einzylinder, Viertakt |

# Hyosung

Hyosung wurde 1957 als Handelsfirma gegründet und konnte im Laufe der folgenden fünf Jahrzehnte zu einem Großkonzern wachsen. 1978 wurde die Hyosung Motors & Machinery Inc. als weiterer Zweig des Imperiums gegründet. Das Hauptwerk von Hyosung liegt in Changwon. Eine Besonderheit und zugleich eine Stärke der Südkoreaner ist die große Fertigungstiefe. Ein Großteil der Fahrwerksteile und sogar die Bremsen werden selbst entwickelt und gefertigt. International spielen die Koreaner (noch) eine Nebenrolle. Zwar werden die Roller und Motorräder weltweit angeboten, aber gerade im Motorradsektor mangelt es der Marke an Image, so dass der Verkauf in erster Linie über das unschlagbare Preis-Leistungs-Verhältnis, wie auch bei dieser GT 650 R, angekurbelt wird.

| | |
|---|---|
| **Modell:** | Comet GT 650 R |
| **Baujahr:** | 2004 |
| **Leistung:** | 79 PS |
| **Hubraum:** | 647 ccm |
| **Bauart:** | V-Zweizylinder, Viertakt |

# Hyosung Aquila GV 650

Hyosung nennt seine Cruiser-Baureihe Aquila, nach dem Sternbild des Adlers in der Äquatorzone, das in der Astronomie als Aquila bezeichnet wird. Nach den eher zahnlosen Aquila-Modellen mit 125 und 250 ccm präsentierte Hyosung auf der Motorradmesse Intermot in München im Herbst 2004 einen sehr ansehnlichen Cruiser mit einem 650er-V2-Triebwerk. Das imposante Motorrad verfügt über einen Radstand von 1,7 m und soll auch mit 1000 ccm Hubraum auf den Markt kommen.

| | |
|---|---|
| **Modell:** | Aquila GV 650 |
| **Baujahr:** | 2005 |
| **Leistung:** | 79 PS |
| **Hubraum:** | 647 ccm |
| **Bauart:** | V-Zweizylinder, Viertakt |

Die Hendee Manufacturing Company wurde 1900 vom Fahrradfabrikanten George M. Hendee und dem Motorenkonstrukteur Carl Oskar Hedström gegründet. Ein Jahr später kam der erste Viertakt-Single auf den Markt. Hendee und Hedström hatten ihr Werk professionell organisiert, sechs Jahre nach Firmengründung konstruierte Hedström 1906 einen V2-Motor. Bis 1913 hatte sich das Unternehmen zu einem gewaltigen Motorradproduzenten mit über 3000 Mitarbeitern entwickelt. Fertigungsqualität, Zuverlässigkeit und Haltbarkeit waren unerreicht. Nächste Meilensteine wurden 1921 die 600er-Scout und die 1000er-Chief. Bereits ein Jahr später folgte die Big Chief mit gewaltigem 1200er-Motor. Tauchte irgendwo eine große Indian auf, war es für die Leute immer eine Big Chief. Ab 1929 baute Indian nur noch ein großes V-Modell, und das war die 1200er und die hieß schlicht nur Chief. Das änderte sich im Prinzip auch bis zur Werksschließung nicht mehr, im August 1953 wurde die Produktion eingestellt.

| | |
|---|---|
| **Modell:** | Scout 45 |
| **Baujahr:** | 1929 |
| **Leistung:** | 16 PS |
| **Hubraum:** | 746 ccm |
| **Bauart:** | V-Zweizylinder, Viertakt |

# Indian 1200 Big Chief

| | |
|---|---|
| **Modell:** | 1200 Big Chief |
| **Baujahr:** | 1935 |
| **Leistung:** | 40 PS |
| **Hubraum:** | 1207 ccm |
| **Bauart:** | V-Zweizylinder, Viertakt |

Highlight im Indian-Angebot 1935 war die 1200 Big Chief. Neue Schutzbleche und ein geänderter Kettenschutz machten die Big Chief zum „amerikanischen Straßenkreuzer" auf zwei Rädern. Aufwändige Lackierung war bei Indian Standard, auf Wunsch gab es ein Vierganggetriebe und für den Gespannbetrieb ein Dreiganggetriebe mit Rückwärtsgang. Der hubraumstarke Big Twin war ein ideales Tourenbike für die unendlichen Highways.

# Indian 1200 Civilian Chief

Auch wenn die große V2-Indian offiziell nur Chief hieß, für Fans, Indian-Liebhaber und den Rest der Welt war sie die Big Chief. Und zu Recht: Kein anderes Motorrad wirkte damals durch die tiefen Kotflügel gewaltiger. Die Lackierung war traumhaft schön, und bei den Chromverzierungen hatte Indian auch nicht gespart. Der 1200er-V2 erstarkte in den 40er-Jahren auf – immerhin – 42 PS. Im Bild die Civilian-Version, die mit Ausnahme der wuchtigen Kotflügel recht spartanisch daherkam.

| | |
|---|---|
| **Modell:** | 1200 Civilian Chief |
| **Baujahr:** | 1942 |
| **Leistung:** | 40 PS |
| **Hubraum:** | 1207 ccm |
| **Bauart:** | V-Zweizylinder, Viertakt |

# Indian Chief Deluxe

Für die neue Indian Motorcycle Company in Gilroy war das Vorhaben eine gewaltige technische und finanzielle Herausforderung. Das Ergebnis konnte sich sehen lassen. Wie damals stand die neue Chief im Sommer 2003 auf ihren breiten 16-Zoll-Rädern. Ein Traum von amerikanischem Motorrad, unverwechselbar eine Indian. Doch es sollte nicht sein, Monate später schlitterte Indian leider erneut in den Konkurs.

| | |
|---|---|
| **Modell:** | Chief Deluxe |
| **Baujahr:** | 2003 |
| **Leistung:** | 85 PS |
| **Hubraum:** | 1638 ccm |
| **Bauart:** | V-Zweizylinder, Viertakt |

# JAWA

Dem damaligen Trend zu kleinvolumigen Maschinen entsprechend, legte 1932 das 175er-Modell den wirtschaftlichen Grundstein der Firma. Die Besetzung Tschechiens durch die Deutschen hatte natürlich auch für die Jawa-Werke Folgen. Unter den Augen der Wehrmacht entwickelten die Ingenieure im Geheimen weiter, so dass schon 1946 eine Viertellitermaschine angeboten werden konnte: die Pérák. Im selben Jahr gewann Jawa auf dem Pariser Motorsalon mit diesem Modell die Goldmedaille. Erfolge im Rennsport machten die Marke Jawa in der ganzen Welt bekannt: 15 Mal Gewinn der World Trophy, elf Mal Gewinne der Silbernen Vase von Internationalen Six-Days-Motorradrennen, 25 Mal Europameister, Grand-Prix-Siege und viele weitere nationale und internationale Titel. Nach der Wende in Osteuropa konnte sich Jawa nicht mehr am Markt behaupten. Fünf Privatleute kauften Gebäude und Maschinen und bauen weiter Speedway- und Straßenmaschinen.

| | |
|---|---|
| **Modell:** | 250 Pérák |
| **Baujahr:** | 1946 bis 1953 |
| **Leistung:** | 9 PS |
| **Hubraum:** | 249 ccm |
| **Bauart:** | Einzylinder, Zweitakt |

# Jawa 650 Bizon

Die Bilder des Bizon-Prototyps zeigen einen konventionellen Stahlrahmen als Heimat des wassergekühlten Rotax-Viertakters. Die Radführung übernimmt vorne eine Federgabel, das Hinterrad sitzt in einer Stahlschwinge, die sich klassisch über zwei Federbeine abstützt. Das Design wirkt gewöhnungsbedürftig und changiert zwischen Softchopper und Dragster.

| | |
|---|---|
| **Modell:** | 650 Bizon |
| **Baujahr:** | 2005 |
| **Leistung:** | 46 PS |
| **Hubraum:** | 652 ccm |
| **Bauart:** | Einzylinder, Viertakt |

# Kawasaki

Kawasaki wollte im Motorradbereich Maßstäbe setzen, etwas Superlatives, Einzigartiges und Extravagantes musste her. Und das konnte nur eine Maschine sein, die schneller und stärker als die Fahrzeuge der Konkurrenz war – ein Image, das Kawasaki bis zum heutigen Tag pflegt. Stolz präsentierten Japaner 1965 die A1 Samurai. Die Samurai, später die 350er A7 Avenger und dann die 500er H1 „Mach III" waren fantastische Sportler, mit denen sich locker jeder dicke Hobel verblasen ließ. Kawasaki hatte es geschafft. Weder Honda noch Suzuki noch Yamaha konnten auf ein vergleichbares Image blicken. Anfang der 70er-Jahre lief die Entwicklung einer Vierzylinder-Viertaktmaschine auf Hochtouren, die 1972 als „Z1" berühmt werden sollte. Im Jahr 2005 zeigt die 175 PS starke ZX-10R, wo der Hammer hängt, und wer sich traut, kann mit der Heizerkiste mit 300 Sachen über die Bahn brettern. Ein Ende der Gigantomanie war und ist bis heute nicht in Sicht. Schneller, stärker, besser.

| | |
|---|---|
| **Modell:** | 250 A1 Samurai |
| **Baujahr:** | 1966 |
| **Leistung:** | 31 PS |
| **Hubraum:** | 247 ccm |
| **Bauart:** | Zweizylinder, Zweitakt |

# Kawasaki 500 H1 „Mach III"

| | |
|---|---|
| **Modell:** | 500 H1 „Mach III" |
| **Baujahr:** | 1968 |
| **Leistung:** | 60 PS |
| **Hubraum:** | 498 ccm |
| **Bauart:** | Dreizylinder, Zweitakt |

In einer Zeit, als bei uns kaum noch ein Experte an Zweitakter glaubte, brachte Kawasaki 1968 einen unglaublichen Feuerstuhl auf den Markt. Eine 200 km/h schnelle Dreizylinder-Zweitaktmaschine mit 60 PS: die 500 H1 „Mach III". Wer mit der „Mach III" unterwegs war, war „schneller als der Schall". So jedenfalls das Fahrgefühl. Die 500er-Kawa ging wie ein Gewitter, aber das Fahrwerk konnte einem Angst und Bange machen. Böse Zugen behaupteten sogar: Die „Mach III" wackelt bereits im Stehen. Aber genau das brauchten damalige Motorradfahrer. Einstimmig wurde die Meinung vertreten, dass die „Mach III" nun definitiv überhaupt nichts für „Weichlinge" oder „Hasenfüße" sei.

# KAWASAKI 900 Z1 „SUPER FOUR“

Unter den japanischen Motorradherstellern gab es ein „Gentleman's Agreement“, keine Bikes über 750 ccm zu bauen. Mit dieser Absprache war es im Herbst 1972 auf der IFMA in Köln vorbei: Kawasaki stellte die brandneue 900 Z1 „Super Four“ aus. Die Fachwelt war geplättet, die Motorrad-Fans rieben sich die Augen, und den Mitbewerbern verschlug es die Sprache. Auch kein Wunder: Mit dem 900-ccm-Vierzylinder-Big-Bike schlug Kawasaki ein neues Kapitel in der Motorradgeschichte auf. Gleich nachdem Anfang 1973 die ersten Z1 endlich ausgeliefert wurden, verbreiteten sich die tollsten Geschichten über das Big-Bike. In Benzingesprächen, aber auch in verschiedenen Testberichten wurde sie beschrieben als ein Motorrad mit „schierer Gewalt ...“, oder „sie ist nur für die Gerade auf der Autobahn gut, doch in den Kurven ...“ Der Z1-Mythos war geboren.

| | |
|---|---|
| **Modell:** | 900 Z1 „Super Four“ |
| **Baujahr:** | 1973 |
| **Leistung:** | 79 PS |
| **Hubraum:** | 903 ccm |
| **Bauart:** | Vierzylinder, Viertakt |

# Kawasaki Z1-R

Mit der Z 900 Z1 definierte Kawasaki 1972 den Begriff Supersport-Bike. An eine Verkleidung dachte damals allerdings noch kein Mensch. Fünf Jahre später sah die Welt anders aus. Die neue Kawasaki Z1-R stand bei den Händlern, und die Leser des Fachmagazins „Motorrad" wählten den Überbrüller 1977 zum „Motorrad des Jahres". Das neue Design kam enorm an, Inbegriff damaliger Sportlichkeit waren die Halbverkleidung, Vier-in-Eins-Auspuffanlage, moderne Gussräder und 200 km/h Spitze.

| | |
|---|---|
| **Modell:** | Z1-R |
| **Baujahr:** | 1977 |
| **Leistung:** | 90 PS |
| **Hubraum:** | 1016 ccm |
| **Bauart:** | Vierzylinder, Viertakt |

# Kawasaki GPZ 1100

Eigentlich war die GPZ 1100 Anfang der 80er-Jahre ihrer Zeit weit voraus. Die Kawa-Ingenieure hatten dem 100-PS-Bike nämlich eine Einspritzanlage spendiert. Diese moderne Technik war im Motorradbau damals ein absolutes Novum. Der pechschwarze Motor, die schwarze Auspuffanlage und die kleine Cockpit-Verkleidung entsprachen dem damaligen Zeitgeist für Sportlichkeit.

| | |
|---|---|
| **Modell:** | GPZ 1100 |
| **Baujahr:** | 1982 |
| **Leistung:** | 100 PS |
| **Hubraum:** | 1090 ccm |
| **Bauart:** | Vierzylinder, Viertakt |

# Kawasaki Z 1300

| | |
|---|---|
| **Modell:** | Z 1300 |
| **Baujahr:** | 1983 |
| **Leistung:** | 100 PS |
| **Hubraum:** | 1286 ccm |
| **Bauart:** | Sechszylinder, Viertakt |

Als Kawasaki 1978 auf der IFMA die Z 1300 präsentierte, stand die Welt Kopf. Das war auch kein Wunder, denn das japanische Werk hatte gemäß dem Leitspruch „stärker und schneller als die anderen" mal wieder voll zugeschlagen. Das 320 kg schwere Kraftrad mit wassergekühltem Sechszylinder-Triebwerk leistete 120 PS. Da kam auch die Honda CBX 1000 mit 105 PS nicht mehr mit. Doch die Freude über die gewaltige Power währte nicht lange. Schon bald kam eine kritische Diskussion über Sinn und Unsinn solch hoher Motorleistung auf.

# Kawasaki GPZ 500 S

Dass 500 ccm nur ein „Mittelmaß“ sind, widerlegte die Kawasaki GPZ 500 S nachhaltig. Der mit Oberteil- und Bugverkleidung ausgestattete Sport-Twin leistete 60 PS und rannte locker 190 Sachen. Das Handling war erstklassig, in „Drosselversion“ mit 27 PS war die GPZ 500 S ein ideales Einsteiger-Bike. Und damit hatten die Japaner voll ins Schwarze getroffen: Ende 1987 war der Allrounder die meistverkaufte Kawasaki in Deutschland.

| | |
|---|---|
| **Modell:** | GPZ 500 S |
| **Baujahr:** | 1987 |
| **Leistung:** | 60 PS |
| **Hubraum:** | 499 ccm |
| **Bauart:** | Zweizylinder, Viertakt |

# Kawasaki KLR 650

Wer auf Kawa stand, bekam beim japanischen Hersteller eigentlich alles. Natürlich auch ausgewachsene Enduros. Die KLR 650 wurde 1986 auf der IFMA vorgestellt und fuhr sich rasch in die Herzen der Offroad-Fans. Aber nicht nur die Pistenfraktion hatte großen Spaß am Stollen-Single, auch die Tourenfahrer schätzten dank des 23-Liter-Tanks, der angenehmen Sitzposition sowie der ausgezeichneten Fahreigenschaften die KLR 650 als praktische Reise-Enduro.

| | |
|---|---|
| **Modell:** | KLR 650 |
| **Baujahr:** | 1987 |
| **Leistung:** | 48 PS |
| **Hubraum:** | 652 ccm |
| **Bauart:** | Einzylinder, Viertakt |

# Kawasaki Voyager Z 1300

Für die echten Weltenbummler gab es lange Zeit nur ein akzeptables Motorrad, und das war eine BMW. Als aber Honda Mitte der 70er-Jahre mit der GL 1000 Gold Wing kam, eröffneten sich plötzlich vollkommen neue Perspektiven. Kawasaki ließ sich in diesem Segment bis 1987 Zeit, brach dann aber fast alle Rekorde. Der Z 1300 hatte man eine gewaltige Tourenverkleidung, Packtaschen, Topcase sowie viele kleine und ebenso viele große elektrische Spielereien spendiert.

| | |
|---|---|
| **Modell:** | Voyager Z 1300 |
| **Baujahr:** | 1987 |
| **Leistung:** | 100 PS |
| **Hubraum:** | 1286 ccm |
| **Bauart:** | Sechszylinder, Viertakt |

# Kawasaki 550 Zephyr

| | |
|---|---|
| **Modell:** | 550 Zephyr |
| **Baujahr:** | 1991 |
| **Leistung:** | 50 PS |
| **Hubraum:** | 554 ccm |
| **Bauart:** | Vierzylinder, Viertakt |

Egal wie, Kawasaki sorgte immer wieder für Überraschungen. 1990 war es die neue Zephyr-Modellreihe, zunächst mit 550 und 750 ccm Hubraum. Die „kleine" Zephyr war ein puristisches Naked Bike mit sportlicher Vier-in-Eins-Auspuffanlage und dank geringer Sitzhöhe ausgezeichnet für Einsteiger geeignet. Wahlweise gab es den Neoklassiker in 50-PS- oder 27-PS-Ausführung.

# Kawasaki ZXR 750

Am Ende der Saison 1993 flogen bei Kawasaki die Sektkorken. Der US-Amerikaner Scott Russell hatte mit der 750er-Werksrennmaschine die Superbike-Weltmeisterschaft gewonnen. Mit diesem Racing-Flair war auch die Standardversion ZXR 750 ausgestattet. Die große Ram-Air-Öffnung unter den Doppelscheinwerfern waren beim 93er-Modell die markanteste Neuerung. Das Fahrverhalten war weiterhin kompromisslos auf Sportlichkeit getrimmt und ließ keine Wünsche offen.

| | |
|---|---|
| **Modell:** | ZXR 750 |
| **Baujahr:** | 1993 |
| **Leistung:** | 100 PS |
| **Hubraum:** | 749 ccm |
| **Bauart:** | Vierzylinder, Viertakt |

# Kawasaki KLX 650 R

1999 reagierte Kawasaki endlich auf den Boom der Viertakt-Hard-Enduros und bot mit der KLX 650 R eine wettbewerbsfähige Maschine in diesem Segment an. Aufgrund der verschärften Geäuschbestimmungen wurde die KLX in der zulassungsfähigen Version zwar nur mit 26 PS angeboten, doch für ernsthafte Dreckwühlereien wurde ein preiswertes Tuningkit angeboten, mit welchem die Leistung auf immerhin stolze 45 PS stieg.

| | |
|---|---|
| **Modell:** | KLX 650 R |
| **Baujahr:** | 1999 |
| **Leistung:** | 26 PS |
| **Hubraum:** | 652 ccm |
| **Bauart:** | Einzylinder, Viertakt |

# Kawasaki W 650

| | |
|---|---|
| **Modell:** | W 650 |
| **Baujahr:** | 1999 |
| **Leistung:** | 50 PS |
| **Hubraum:** | 676 ccm |
| **Bauart:** | Zweizylinder, Viertakt |

Mit der W 650 krönte Kawasaki seine erfolgreichen Neuzeit-Bikes im Retro-Look. Hatte man sich mit den Zephyr-Modellen noch selbst kopiert, so zielt die W 650 ganz eindeutig auf Liebhaber britischer Motorradklassiker. Vibrationen des Motors eliminiert eine zahnradgetriebene Ausgleichswelle, die den Königswellen-Parallel-Twin zu einem sehr kultivierten Antrieb macht.

# Kawasaki ZR-7

Als sportliches Allround-Bike avancierte die ZR-7 auf Anhieb zum meistverkauften Kawasaki-Modell in Deutschland. Der Motor stammt ursprünglich aus der 750er-Zephyr und wurde gründlich überarbeitet. Der verwindungssteife Doppelschleifen-Rohrrahmen ist mit großen Standrohrdurchmessern ausgeführt, was das Fahrwerk sehr stabil macht. Die Neigung der langen, starren Schwinge sorgt für eine optimale Gewichtsverteilung. 2001 legte Kawasaki ein S-Modell mit ausgezeichnetem Wind- und Wetterschutz nach.

| | |
|---|---|
| **Modell:** | ZR-7 |
| **Baujahr:** | 2000 |
| **Leistung:** | 76 PS |
| **Hubraum:** | 739 ccm |
| **Bauart:** | Reihen-Vierzylinder, Viertakt |

# Kawasaki ZX-12R

Die ZX-12R war bei ihrem Debüt im Jahre 2000 das leistungsstärkste Serienmotorrad der Welt. Der 1200er-Vierzylindermotor mit Flüssigkeitskühlung, zwei oben liegenden Nockenwellen und Kraftstoffeinspritzung leistet 178 PS und beschleunigt die Maschine bei Bedarf auf echte 303 km/h. Abgesehen von diesen Rekordwerten ist es Kawasaki mit der ZX-12R gelungen, einen erstaunlich agilen Hochleistungssportler mit unbeirrbarer Höchstgeschwindigkeitsstabilität zu entwickeln. Dies konnte unter anderem durch das erstmals bei einer Serienmaschine verwendete Monocoque-Fahrwerk erreicht werden.

| | |
|---|---|
| **Modell:** | ZX-12R |
| **Baujahr:** | 2001 |
| **Leistung:** | 178 PS |
| **Hubraum:** | 1199 ccm |
| **Bauart:** | Reihen-Vierzylinder, Viertakt |

# Kawasaki KX 250

| | |
|---|---|
| **Modell:** | KX 250 |
| **Baujahr:** | 2003 |
| **Leistung:** | 56 PS |
| **Hubraum:** | 249 ccm |
| **Bauart:** | Einzylinder, Zweitakt |

Als eines der erfolgreichsten 250er-Motocross-Motorräder überhaupt erhielt die KX 250 des Modelljahrgangs 2003 die erste umfassende Modellüberarbeitung seit ihrem Debüt im Jahre 1999. Der Zylinder besaß fortan eine Beschichtung auf Basis einer speziellen Chromlegierung sowie neue Kanäle. Modifikationen der Auslasssteuerung, des Brennraums, der Membrane und der Auspuffbirne trugen zur verbesserten Leistungscharakteristik bei. Der neu gezeichnete Perimeterrahmen steigerte dank mehr Steifigkeit, überarbeiteter Lenkgeometrie und dem tieferen Schwerpunkt die schon überzeugenden Qualitäten des Vorgängermodells. Überarbeitet wurden neben Federung auch Räder, Bremsen, Sitzposition und viele weitere Details.

# Kawasaki ZX-10R

Im Gegensatz zu den meisten anderen Kawasaki-Modellen begann die Entwicklung der Ninja ZX-10R mit Fahrwerksimulationen. Die Ingenieure strebten ein extrem leichtes und kompaktes Chassis an. Dies erlaubte die Kombination aus kurzem Radstand und langer Schwinge, die der ZX-10R ein unglaublich agiles Handling verleiht. Die konkave Tankoberfläche und das wohl austarierte Ergonomie-Dreieck aus Fußrasten, Lenker und Sitzbank sind verantwortlich für die kompakte Sitzposition. Radialbremszangen vorne, Wave-Bremsscheiben und voll einstellbare Federelemente deuten ebenfalls auf das erklärte Entwicklungsziel „Racing-Performance“ hin. Es ergibt sich ein Paket, das im Rennen nicht zu schlagen ist.

| | |
|---|---|
| **Modell:** | ZX-10R |
| **Baujahr:** | 2004 |
| **Leistung:** | 175 PS |
| **Hubraum:** | 998 ccm |
| **Bauart:** | Reihen-Vierzylinder, Viertakt |

# Kawasaki VN 2000

Das Flaggschiff aus Kawasakis Cruiser-Flotte verrückt die Maßstäbe: Das Hubraumvolumen beträgt unglaubliche 2053 ccm, was die VN 2000 zum hubraumstärksten Serien-V-Twin der Motorradgeschichte macht. Zu den wuchtigen Ausmaßen des Zweizylindermotors und dessen eindrucksvoller Leistungsstärke passt das adrette Styling, das modische mit traditionellen Designelementen in einem stromlinienförmigen, einheitlichen Paket vermischt. Zentrales Stilelement des bemerkenswerten VN-2000-Stylings ist das stromlinienförmige Scheinwerfergehäuse mit einem „Projektor-Leuchtfeuer“.

| | |
|---|---|
| **Modell:** | VN 2000 |
| **Baujahr:** | 2004 |
| **Leistung:** | 103 PS |
| **Hubraum:** | 2053 ccm |
| **Bauart:** | V-Zweizylinder, Viertakt |

# Kawasaki ZX-6R

Mit der 2003 präsentierten 6er-Ninja ging Kawasaki keine Kompromisse mehr ein: Absolute „Racing-Performance“ war die Entwicklungsvorgabe, die mit geradezu sensationellen Leistungsdaten umgesetzt wurde. Schon zwei Jahre später wurde sie dennoch einer umfassenden Überarbeitung unterzogen. Der Motor erhielt neue Zylinderköpfe, neue Zylinder und ovale Zusatzdrosselklappen sowie zwei Einspritzdüsen pro Zylinder für mehr Effektivität im Einlassbereich. Eine in den Auspufftopf integrierte Walze optimiert das Leistungsvermögen im unteren und mittleren Drehzahlbereich. Macht zusammen 130 PS!

| | |
|---|---|
| **Modell:** | ZX-6R |
| **Baujahr:** | 2005 |
| **Leistung:** | 130 PS |
| **Hubraum:** | 636 ccm |
| **Bauart:** | Reihen-Vierzylinder, Viertakt |

# KREIDLER

| | |
|---|---|
| **Modell:** | Florett Super |
| **Baujahr:** | 1965 |
| **Leistung:** | 5,2 PS |
| **Hubraum:** | 49 ccm |
| **Bauart:** | Einzylinder, Viertakt |

Die Modellpalette des deutschen Traditionsherstellers Kreidler bestand stets aus Mofas, Mopeds und Kleinkrafträdern. Der auf die Fabrikation von Stahldraht und Halbwerkzeuge spezialisierte Betrieb startete seine Erfolgskarriere mit den kleinen Motorrädern im Jahr 1950. Die einfachen, aber robusten Mopeds und Roller wurden vom deutschen Markt dankend angenommen. Berühmt wurde der Hersteller aus Kornwestheim bei Stuttgart mit dem Florett. 1957 begann die Serienfertigung des kleinen Motorrads. Eine Kreidler war immer ein wenig schneller, hatte großzügig dimensionierte Bremsen, ein stabiles Fahrwerk und galt als praktisch unzerstörbar. Auf den internationalen Rennpisten galten die bis zu 200 km/h schnellen Grand-Prix-Fingerhüte als nahezu unschlagbar. Doch mit modischen Details wie Wasserkühlung und Halbverkleidung gelang es den einheimischen Anbietern, Kreidler vom Thron zu stoßen. Im Januar 1981 schließlich mussten die Kreidler-Werke Konkurs anmelden.

# Kreidler Florett RM

Neben den 90 km/h schnellen Kleinkrafträdern bot Kreidler auch Mokicks an, die bauartbedingt lediglich 40 km/h schnell sein durften. Äußerlich unterschieden sich die beiden nur in Details, wie kleineren Trommelbremsen und einem lackierten Vorderradschutzblech beim Mokick RM. So profitierten die Mokicks vom sportlichen Nimbus der Kreidler-Kleinkrafträder.

| | |
|---|---|
| **Modell:** | Florett RM |
| **Baujahr:** | 1973 |
| **Leistung:** | 2,9 PS |
| **Hubraum:** | 49 ccm |
| **Bauart:** | Einzylinder, Zweitakt |

# KTM

| | |
|---|---|
| **Modell:** | 250 MX PL |
| **Baujahr:** | 1983 |
| **Leistung:** | k. A. |
| **Hubraum:** | 245 ccm |
| **Bauart:** | Einzylinder, Zweitakt |

**Die erste von der österreichischen KTM entwickelte Straßenmaschine rollte erst 1953 aus den Werkshallen. Bereits drei Jahre später feierte man die 1000. Maschine mit dem KTM-Logo auf dem Tank. Hinter dem Kürzel stand der Firmenname Kronreif & Trunkenpolz, Mattighofen. Zum führenden Hersteller von Offroad-Maschinen wurde KTM durch den amerikanischen Motorradhändler und Geländesportler John Penton, der sich in Mattighofen leichte Geländesportmaschinen nach seinen Vorstellungen bauen ließ. Zahlreiche Erfolge im Geländesport wie der Weltmeistertitel mit der 250 MX PL zeugten von der hohen Qualität. 1989 wurde die KTM Motorfahrzeugbau AG zum Konkursfall. Hervor ging die KTM Sportmotorcycle GmbH, die mit Bravour in das neue Jahrtausend startete.**

# KTM 950 Adventure

227 Kilo Abenteuer. 98 Pferde. 210 Kilometer Landschaft in einer Stunde. Theoretisch. KTMs erstes Modell der neuen Zweizylinder-Generation erreichte in puncto Fahrdynamik eine neue Dimension bei den Offroad-Motorrädern. Doch wer rast schon wirklich jeden Tag auf der Jagd nach Bestzeiten über Stock und Stein? Geländeausflüge sind mit der Adventure absolut kein Problem. Das eh schon geringe Gewicht der Maschine ist weder auf Schotter, noch auf Stein oder Gras zu spüren. Angst, dass die Gabel bricht oder sich der Rahmen in seine Einzelteile zerlegt, braucht der Adventure-Pilot dabei nicht zu haben. Die KTM ist stabil. Sehr stabil. Aber auch sehr leicht. Und diese Mixtur begeistert. Nur lächerliche 3,2 Sekunden braucht es, um die Adventure auf 100 zu bringen. Werte, die manchen Sportler schwitzen lassen.

| | |
|---|---|
| **Modell:** | 950 Adventure |
| **Baujahr:** | 2003 |
| **Leistung:** | 98 PS |
| **Hubraum:** | 942 ccm |
| **Bauart:** | V-Zweizylinder, Viertakt |

# KTM 125 EXC

| | |
|---|---|
| **Modell:** | 125 EXC |
| **Baujahr:** | 2004 |
| **Leistung:** | 35 PS |
| **Hubraum:** | 125 ccm |
| **Bauart:** | Einzylinder, Viertakt |

Es ist kaum noch zu erfassen, wie viele nationale und internationale Meistertitel die Zweitakt-Crosser und Enduros von KTM schon eingefahren haben. Und KTM entwickelt unverändert weiter. Die 125er EXC-Version des Modelljahrgangs 2005 ist mit neuem Rahmen, überarbeiteten Federelementen und frischem Design sowie einem geringfügig modifizierten Motor heißer denn je. Der kleine Zweitakter protzt mit einem superbissigen Antrieb, edler Ausstattung und sehr gediegener Verarbeitung. Mit der Österreicherin lassen sich auch derbste Buckelpisten „überfliegen", ohne dass sich irgendein Bauteil auch nur ansatzweise als ein wenig zu lasch geben würde.

# KTM 990 Superduke

KTM meint es ernst mit seinem Angriff im Straßensport-Segment, das zeigt nicht nur die Teilnahme am 125er GP-Sport. Als erstes konsequent als Straßenmaschine entwickeltes Modell, bringen die Österreicher mit der Superduke einen markant designten Streetfighter auf den Markt. Das im Hubraum auf knapp einen Liter erweiterte V2-Aggregat aus der hochbeinigen 950er-Reihe ist mit 120 PS gewiss bei jeder Musik dabei.

| | |
|---|---|
| **Modell:** | 990 Superduke |
| **Baujahr:** | 2005 |
| **Leistung:** | 120 PS |
| **Hubraum:** | 999 ccm |
| **Bauart:** | V-Zweizylinder, Viertakt |

# Laverda

| | |
|---|---|
| **Modell:** | 75 |
| **Baujahr:** | 1952 |
| **Leistung:** | 3 PS |
| **Hubraum:** | 75 ccm |
| **Bauart:** | Einzylinder, Viertakt |

Francesco Laverda gründete 1949 die Firma Moto Laverda, um sich erfolgreich an der Massenmotorisierung im Nachkriegsitalien zu beteiligen und auch sportlich Bemerkenswertes zu erreichen. Doch zum Ende der 50er-Jahre musste man sich der geänderten Wirtschaftssituation anpassen. Preiswerte Kleinmotorräder wie die 75 ließen sich noch gut verkaufen, aber der ab 1961 angebotene Zweizylinder fand keinen ausreichenden Absatz. So reiste Sohn Massimo Laverda 1964 in die USA, um dort Marktchancen zu erkunden. 1969 war der erste Dreizylinder gezeigt worden. Auf diesem basierte nach dem Konkurs 1987 eine neue Generation von Sportmotorrädern.

# Laverda 1000 3CL

Auf dem Mailänder Salon 1969 ließ Laverda die Bombe hochgehen. Noch vor den vier japanischen Herstellern präsentierte die Firma aus Breganze ein mächtiges Motorrad mit einem vollen Liter Hubraum. Möglich wurde dies durch die Neuentwicklung eines Dreizylindermotors mit zwei oben liegenden Nockenwellen. Das 250-kg-Geschoss zählte mit 78 PS zu den schnellsten Superbikes weltweit. Die Ende der 70er produzierte Sportversion Jota verfügte über vergrößerte Ventile und Vergaser sowie eine höhere Verdichtung – genug für 220 km/h.

| | |
|---|---|
| **Modell:** | 1000 3CL |
| **Baujahr:** | 1980 |
| **Leistung:** | 78 PS |
| **Hubraum:** | 980 ccm |
| **Bauart:** | Parallel-Dreizylinder, Viertakt |

# Laverda 750 Formula

1996 präsentierte Laverda eine neue Motorengeneration, die in mehreren Modellen für standesgemäßen Vortrieb sorgte. In der 750er-Formula, dem damaligen sportlichen Laverda-Flaggschiff, leistet der Reihen-Zweizylinder 92 PS. Das Triebwerk stammt aus eigenem Stall und wird mittels Benzineinspritzung versorgt.

| | |
|---|---|
| **Modell:** | 750 Formula |
| **Baujahr:** | 1997 |
| **Leistung:** | 92 PS |
| **Hubraum:** | 747 ccm |
| **Bauart:** | Reihen-Zweizylinder, Viertakt |

# Maico

Die Brüder Maisch beschlossen 1926, mit dem Bau von Motorrädern zu beginnen. Der Zweite Weltkrieg unterbrach die Motorradproduktion. Nach dem Krieg präsentierte die schwäbische Motorradfabrik eine neu entwickelte Maschine mit eigenem Einzylinder-Zweitaktmotor. Luxuriöses Topmodell wurde 1953 die elegante Taifun. Ein Großauftrag der Bundeswehr sorgte darüber hinaus für volle Kassen: Von der robusten und geländetauglichen M 250 BW gingen rund 10 000 Stück in den Staatsdienst. Bereits in den 50er-Jahren engagierte sich Maico bei Geländewettbewerben sowie Motocross-Rennen. In den folgenden zwei Jahrzehnten zählten die Geländemaschinen wie die MC 350 zu den besten der Welt. Auch für den Straßenrennsport fand sich ab 1968 ein erfolgreiches Modell im Programm von Maico. Dann verlor die Marke jedoch den Anschluss an die Konkurrenz. Obwohl sich Finanziers einschalteten, musste Maico 1987 die Tore schließen.

| | |
|---|---|
| **Modell:** | MC 350 |
| **Baujahr:** | 1969 |
| **Leistung:** | 28 PS |
| **Hubraum:** | 352 ccm |
| **Bauart:** | Einzylinder, Zweitakt |

# Matchless

| | |
|---|---|
| **Modell:** | G 3L |
| **Baujahr:** | 1949 |
| **Leistung:** | 16 PS |
| **Hubraum:** | 348 ccm |
| **Bauart:** | Einzylinder, Viertakt |

**Beim ersten Motorrad befand sich der DeDion-Motor noch über dem Vorderrad. Von dieser Stelle aus wanderte er über das Hinterrad ins Rahmendreieck. Bereits 1904 konstruierten die Techniker ein neues Motorrad mit JAP-Zweizylinder. In den 30er-Jahren übernahm Matchless die traditionsreichen Marken AJS und Sunbeam. Im Zweiten Weltkrieg fertigte Matchless für die britischen Streitkräfte das Modell G3, das nach dem Krieg in ein ziviles Gerät verwandelt wurde. 1956 schluckte AMC die Marken Norton, Francis Barnett und James. Die Modellpalette umfasste Ende der 50er sowohl Einzylinder- als auch Zweizylinder-Modelle. 1966 musste die Traditionsmarke Matchless leider ihren Konkurs anmelden.**

# Mondial

Mit seinen drei Brüdern beauftragte der italienische Conte Giuseppe Boselli 1948 den Techniker Alfonso Drusiani aus Bologna mit dem Entwurf eines schnellen 125er-Motorrads. Noch im gleichen Jahr wurden damit vier Geschwindigkeitsweltrekorde gebrochen. Auch in den folgenden Jahren dominierten die Mailänder die Grand-Prix-Szene. Doch der Verkauf der Serienmaschinen konnte den teuren Rennsport nicht ausreichend finanzieren, so dass sich das Werk 1957 zunächst zurückzog. Die überlegene Technik der Renner verschaffte allerdings Boselli 1958 den Besuch des Chefs einer japanischen Motorradmarke: Soichiro Honda informierte sich beim Grafen, der ihm gleich zwei Rennmaschinen zum Studium gab. In den folgenden Jahren setzte man auf Geländemotorräder und Modelle für die Jugend, doch 1977 wurde die Motorradfertigung eingestellt.

| | |
|---|---|
| **Modell:** | 125 Sport |
| **Baujahr:** | 1957 |
| **Leistung:** | 6 PS |
| **Hubraum:** | 123 ccm |
| **Bauart:** | Einzylinder, Viertakt |

# MONTESA

Auch in Spanien war nach dem Zweiten Weltkrieg der Bedarf an kostengünstiger Individualmotorisierung riesig. Die Nachfrage nach den Mitte der 40er-Jahre von Pedro Permanyer entwickelten ersten Motorrädern war daher groß. Mit ihrer simplen Konstruktion befriedigten die Maschinen den Wunsch vieler Spanier nach einem Alltagsgefährt. Schon bald schuf Montesa zusätzlich Sportversionen. Nach Meinungsverschiedenheiten zwischen den Firmeneignern verließ Bulto die Marke, um 1958 mit seiner eigenen Firma Bultaco weiterzumachen. Montesa geriet in eine schwere Krise, konnte diese jedoch dank des beliebten Modells Impala überstehen. Als besonders erfolgreich sollten sich die Trial-Bikes der Spanier erweisen. Die ab 1968 eingesetzten Klettermäxe namens Cota sorgten bis in die 80er-Jahre hinein für spektakuläre Siege beim Trial-Sport. Im Jahre 1986 übernahm der japanische Gigant Honda das Werk.

| | |
|---|---|
| **Modell:** | Impala |
| **Baujahr:** | 1962 |
| **Leistung:** | 10,5 PS |
| **Hubraum:** | 175 ccm |
| **Bauart:** | Einzylinder, Viertakt |

# Moto Morini

Der italienische Rennfahrer Alfonso Morini begann nach dem Zweiten Weltkrieg mit der Fertigung eigener Motorräder. Die Marke beteiligte sich sofort am Motorsport, kämpfte in Straßenrennen erfolgreich gegen MV Agusta. Seine Rennmaschinen stellte Morini 1950 auf Viertakter um. Zwar zog sich das Werk aus dem teuren GP-Sport zurück und lancierte überaus erfolgreich die neue Viertakt-Serienmaschine Settebello 175 bei Langstreckenrennen, doch ab 1958 war man wieder dabei und bereitete in Monza mit der 250er-Gran-Premio dem Weltmeister Carlo Ubbiali eine überraschende Niederlage. Auf Basis der Serienmotorräder mit ihren zuverlässigen ohv-Einzylindern beteiligte sich Moto Morini auch siegreich am Geländesport. Als nach dem Tod Alfonsos 1969 dessen Tochter die Leitung übernahm, erschien eine neue Motorengeneration. Es erschienen Touren-, Sport- und Enduro-Modelle. Mit der Übernahme durch den Cagiva-Konzern siechte die Marke vor sich hin, bis sie von Maurizio Morini wieder zurückgekauft wurde und 2004 erste neue Modelle erschienen.

| | |
|---|---|
| **Modell:** | 9 1/2 |
| **Baujahr:** | 2005 |
| **Leistung:** | 105 PS |
| **Hubraum:** | 998 ccm |
| **Bauart:** | V-Zweizylinder, Viertakt |

# Moto Guzzi

| | |
|---|---|
| **Modell:** | C Quattro Valvole |
| **Baujahr:** | 1924 |
| **Leistung:** | 22 PS |
| **Hubraum:** | 498 ccm |
| **Bauart:** | Einzylinder, Viertakt |

Das erste Moto-Guzzi-Serienmotorrad lief 1921 aus den Werkshallen in Mandello am Comer See. Während Carlo Guzzi jahrzehntelang beim Serienbau der Philosophie simpler und robuster Technik treu blieb, wurden für den Rennsport einzigartige Konstruktionen geschaffen: dohc-Vierventiler, 120-Grad-V-Twin, Reihen-Drei- und Vierzylinder und 1956 ein V-Achtzylinder. Doch in den 50er-Jahren wurde Moto Guzzi aufgrund finanzieller Engpässe in ein halbstaatliches Unternehmen umgewandelt. Mitte der 60er-Jahre legte das erste Serienmodell mit großem V-Motor den Grundstein für die heutige Vorstellung von einer Guzzi. Aus der jahrelangen Belieferung der kalifornischen Highway Patrol entstand die bis heute angebotene California-Modellreihe. Den Boom erkennend, kaufte der Italo-Argentinier Alejandro de Tomaso 1972 die Firma. Nach dem Zerfall des Tomaso-Konzerns wurde Moto Guzzi zwischenzeitlich von Aprilia übernommen und gehört jetzt wie diese zum Piaggio-Konzern.

# Moto Guzzi Condor

Mit der Condor bot Moto Guzzi Ende der 30er-Jahre ein Serien-Rennmotorrad an, das bereits ab Werk echte Siegeschancen bei Rennveranstaltungen hatte. Anfangs trug das zierliche 500-ccm-Motorrad noch den Namen GTCL, bis sich dann die Bezeichnung aus der Vogelwelt durchsetzte. Technisch basierte die Rennmaschine auf dem Tourenmotorrad GTV. Durch den Einsatz von Magnesium- und Aluminiumteilen konnte das Gewicht auf 140 kg gesenkt werden. Mit Beleuchtungsanlage bestückt landeten einige der edlen Renner als Eskorten-Fahrzeuge im einstigen Fuhrpark Mussolinis.

| | |
|---|---|
| **Modell:** | Condor |
| **Baujahr:** | 1941 |
| **Leistung:** | 28 PS |
| **Hubraum:** | 498 ccm |
| **Bauart:** | Einzylinder, Viertakt |

# Moto Guzzi Airone

Zunächst 1939 als Weiterentwicklung der P. E. erschienen, erhielt die Airone (Reiher) 1940 einen neuen Rahmen mit Hinterradfederung. Gut 15 Jahre blieb die 250er das meistverkaufte italienische Motorrad ihrer Klasse, eine gelungene Kombination aus Alltagstauglichkeit und sportlichen Fahrleistungen. Modellpflegemaßnahmen bezogen sich im Laufe der Produktion auf die hydraulische Dämpfung der Federung, Aluzylinder und den neuen Zylinderkopf. Eine Sportversion entstand 1949.

| | |
|---|---|
| **Modell:** | Airone |
| **Baujahr:** | 1949 |
| **Leistung:** | 9,5 PS |
| **Hubraum:** | 246 ccm |
| **Bauart:** | ohv-Einzylinder, Viertakt |

# Moto Guzzi V7 Corazzieri

Die allerersten Modelle der neuen V7 wurden Ende 1967 an die italienische Präsidentengarde in Rom, die Corazzieri, ausgeliefert. Sie unterschieden sich von den Zivil- und Behörden-Modellen durch diverse optische Details. Um die Eskorten-Motorräder besonders repräsentativ wirken zu lassen, stattete Guzzi die schwarz lackierten 700er mit weit herunterreichenden Schutzblechen, verchromten Werkzeugkästen, riesigen Beinblechen sowie einem stabilen Gepäckträger aus. Von diesen Fahrzeugen wurden Italiens Staatsgäste eskortiert.

| | |
|---|---|
| **Modell:** | V7 Corazzieri |
| **Baujahr:** | 1967 |
| **Leistung:** | 35 PS |
| **Hubraum:** | 703 ccm |
| **Bauart:** | V-Zweizylinder, Viertakt |

# Moto Guzzi Dingo Cross

Um die schwierigen 60er-Jahre zu bewältigen, engagierte sich Moto Guzzi auch am Markt für Mofas und Kleinmotorräder. So stand auf der Mailänder Messe 1963 die erste Ausführung der Dingo, die sich zunächst etwas an der deutschen NSU Quick orientierte, aber schnell zur typisch italienischen Linie fand. Ab 1967 war sie in den drei Varianten Turismo, Sport und Cross erhältlich, die besonders für Jugendliche interessant waren.

| | |
|---|---|
| **Modell:** | Dingo Cross |
| **Baujahr:** | 1973 |
| **Leistung:** | 5 PS |
| **Hubraum:** | 49 ccm |
| **Bauart:** | Einzylinder, Zweitakt |

# Moto Guzzi 750 S

Als Nachfolgerin der V7 Sport erschien 1974 die 750 S. Als wesentliches Unterscheidungsmerkmal verfügte sie über eine je 300 mm große Doppelscheibenbremse im Vorderrad. Weiterhin trieb jetzt eine Steuerkette statt des Stirnradsatzes die Nockenwelle an. Eine neue Lackierung mit roten, grünen oder orangefarbenen Streifen sowie geänderte Seitenkästen machen die S für viele zu einer der elegantesten Moto Guzzi, die je gebaut wurden.

| | |
|---|---|
| **Modell:** | 750 S |
| **Baujahr:** | 1974 |
| **Leistung:** | 61 PS |
| **Hubraum:** | 748 ccm |
| **Bauart:** | V-Zweizylinder, Viertakt |

# Moto Guzzi 850 Le Mans I

| | |
|---|---|
| **Modell:** | 850 Le Mans I |
| **Baujahr:** | 1977 |
| **Leistung:** | 72 PS |
| **Hubraum:** | 844 ccm |
| **Bauart:** | V-Zweizylinder, Viertakt |

1976 erscheint mit der 850 Le Mans eine neue Sportler-Generation bei Moto Guzzi. Modisches Mattschwarz an Auspuff und Anbauteilen sowie eine kleine Cockpit-Verkleidung geben der Le Mans ein unverwechselbares Aussehen. Nicht zuletzt der leistungsgesteigerte 850-ccm-Motor, der über riesige 36-mm-dell'Orto-Vergaser gefüttert wird, macht die Faszination dieses Roadsters aus. Heute zählt die kompromisslose Le Mans der ersten Generation zu den begehrtesten V2-Guzzis überhaupt.

# Moto Guzzi 850 T3 California

Vom beliebten Touren-Modell 850 T3 bot Moto Guzzi auch eine „amerikanisierte" Version, die T3 California, an. Im Gegensatz zu ihrem Vorbild aus Milwaukee ließ sich die Italo-Harley durchaus sportlich bewegen. Trotz tourentauglicher Vollausstattung mit Trittbrettern, Sturzbügeln, Koffern und Windschild verfügte sie über ein stabiles Fahrwerk, hervorragende Integralbremsen und bot selbst auf kurvenreichen Strecken ausreichende Schräglagenfreiheit.

| | |
|---|---|
| **Modell:** | 850 T3 California |
| **Baujahr:** | 1980 |
| **Leistung:** | 59 PS |
| **Hubraum:** | 844 ccm |
| **Bauart:** | V-Zweizylinder, Viertakt |

# Moto Guzzi Mille GT

Auf Betreiben des deutschen Importeurs entstand die Mille GT mit klassischen Elementen wie viel Chrom, feinen Zierlinien und wahlweise mit Speichenrädern. Zunächst nur als limitierte Sonderserie geplant, sorgte die überraschend große Nachfrage für die Serienfertigung in Mandello und Entwicklung eines eigenen Zubehörprogramms wie Koffer und Windschutzscheibe.

| | |
|---|---|
| **Modell:** | Mille GT |
| **Baujahr:** | 1986 |
| **Leistung:** | 67 PS |
| **Hubraum:** | 942 ccm |
| **Bauart:** | V-Zweizylinder, Viertakt |

# Moto Guzzi Le Mans 1000

Ab 1985 erfreute auch die Le-Mans-Baureihe ihre Besitzer mit dem vollen Liter Hubraum. Aufgrund verschärfter Abgas- und Geräuschbestimmungen war die 1000er dennoch kaum schneller als ihre Vorgängerinnen. Aber findige Tuner wussten, wie man dem großen V2 ein paar zusätzliche Pferde entlocken konnte. Auch das Fahrwerk, das beim Modell Le Mans IV über ein umstrittenes 16-Zoll-Vorderrad verfügte, konnte ausgesprochen sinnvoll optimiert werden. Die Le Mans 1000 von 1987 rollte daher wieder auf einem bewährten 18-Zöller.

| | |
|---|---|
| **Modell:** | Le Mans 1000 |
| **Baujahr:** | 1987 |
| **Leistung:** | 82 PS |
| **Hubraum:** | 998 ccm |
| **Bauart:** | V-Zweizylinder, Viertakt |

# Moto Guzzi Nevada Club

Die Nevada feierte ihr Debüt bereits 1991. In Italien verkaufte sich der kleine Barock-Chopper im 80er-Jahre-Look recht anständig, hierzulande riss sie aber niemanden vom Hocker.

| | |
|---|---|
| **Modell:** | Nevada Club |
| **Baujahr:** | 1996 |
| **Leistung:** | 48 PS |
| **Hubraum:** | 744 ccm |
| **Bauart:** | V-Zweizylinder, Viertakt |

Als Antrieb dient der Nevada das „kleine" V2-Aggregat, welches erstmals 1977 produziert und im Laufe der Jahre in Hubraumklassen von 350 ccm und 750 ccm angeboten wurde. Auch die Nevada weist die typischen Guzzi-Eigenschaften auf: zweizylindrischer Aufbau im 90-Grad-Winkel und Endübertragung mittels wartungsarmer Kardanwelle.

# Moto Guzzi California EV 80

Zum 80. Firmenjubiläum musste natürlich auch das traditionsreichste Modell der Guzzi-Palette ordentlich rausgeputzt werden. In Zusammenarbeit mit Italiens führendem Polstermöbelhersteller „Poltrona Frau" wurde eine Edel-California geschaffen, die es in sich hat. Das im Jahre 1912 gegründete Unternehmen gilt als Wegbereiter des klassischen lederbezogenen Polstermöbels und leistete auch an der California ganze Arbeit. In aufwändiger Handarbeit wurden Griffarmaturen, Sitzbank und Sissybar mit edelster Tierhaut überzogen. Krönung des Ganzen ist das eigens entworfenene Koffersystem.

| | |
|---|---|
| **Modell:** | California EV 80 |
| **Baujahr:** | 2001 |
| **Leistung:** | 75 PS |
| **Hubraum:** | 1064 ccm |
| **Bauart:** | V-Zweizylinder, Viertakt |

# Moto Guzzi California EV

Das Flaggschiff der California-Armada heißt EV. Das Topmodell der italienischen Easy-rider-Baureihe wurde durch eine Anzahl verchromter Elemente an den optischen Gruppen wie Schalteinheit, Instrumenten, Sattelstütze, Zylinderschutzbügel und der Auspuffanlage verbaut. Diverse Zutaten machen die EV so zum stilechten Reisegerät. Der Aufbau des hinteren Gepäckträgers übernimmt die Funktion einer bequemen Rückenlehne für den Beifahrer. Bei der California EV führte Moto Guzzi ein weiterentwickeltes Integralbremssystem ein, welches über Bremskraftverstärker sowie ein Verzögerungsventil verfügt, um den Bremsweg bei gleichzeitiger Steigerung der Bremsstabilität zu verringern.

| | |
|---|---|
| **Modell:** | California EV |
| **Baujahr:** | 2002 |
| **Leistung:** | 75 PS |
| **Hubraum:** | 1064 ccm |
| **Bauart:** | V-Zweizylinder, Viertakt |

# Moto Guzzi Breva 750

Mit der 750er-Breva konnte Moto Guzzi endlich wieder eine konkurrenzfähige Maschine im mittleren Hubraumsegment anbieten. Der schick designte Allrounder hat zwar nur knapp 50 PS, erfreut aber durch ordentlichen Druck aus dem Drehzalhlkeller. Dank Einspritzung, G-Kat und wartungsarmem Kardan ein gutes Angebot für umwelt- und kostenbewusste Biker, die trotzdem kein Allerweltsmotorrad fahren möchten. Um preislich mit der asiatischen Konkurrenz mithalten zu können, verzichtet die Breva auf eine zweite vordere Bremsscheibe und übertrieben edle Federbeine, was angesichts des erlebnisorientierten Charakters der Maschine jedoch kein Manko ist.

| | |
|---|---|
| **Modell:** | Breva 750 |
| **Baujahr:** | 2003 |
| **Leistung:** | 49 PS |
| **Hubraum:** | 744 ccm |
| **Bauart:** | V-Zweizylinder, Viertakt |

# Moto Guzzi California EV T

| | |
|---|---|
| **Modell:** | California EV Touring |
| **Baujahr:** | 2004 |
| **Leistung:** | 75 PS |
| **Hubraum:** | 1064 ccm |
| **Bauart:** | V-Zweizylinder, Viertakt |

Die California ist mittlerweile eine Legende, ein Motorrad, das einen Stil geschaffen und Ruhm und Berühmtheit auch unter denen erlangt hat, die den Cruiser erfunden haben. Eine Maschine mit allem erdenklichen Komfort und der Bequemlichkeit, die man zum Reisen braucht. Die California hat über die Jahre unzählige Änderungen und Verbesserungen erfahren. Neben dem überarbeiteten Motor mit hydraulischem Ventilspielausgleich und geregeltem Katalysator bietet die 2004er-EV der jüngsten Generation verbesserte Federelemente, ein optimiertes Integralbremssystem mit schwimmend gelagerten 320er-Bremsscheiben sowie hochwertigen Brembo-Vier-Kolben-Zangen der Serie Oro. Damit lässt sich selbst diese dralle Lady kräftig einbremsen.

# Moto Guzzi California Stone

Zwei Räder, ein Lenker, ein Fahrwerk und ein Motor. Das Wesentliche eines Motorrades hat etwas mit Leidenschaft für die puristische Form zu tun. Dies ist die Philosophie der Stone – wenn man so will die motorradtechnische Verkörperung der Freiheit von allem Überflüssigen und allen Zwängen. Dennoch: An der Stone ist all das vorhanden, was man für Fahrten allein oder zu zweit mit nahen oder fernen Zielen benötigt, was beweist, dass weniger oft mehr sein kann. So wurde bei der Entscheidung für eine minimalistische Version selbst auf einen Drehzahlmesser verzichtet. Solch spartanischen Gedanken entsprangen dereinst einmal die wahren Chopper ...

| | |
|---|---|
| **Modell:** | California Stone |
| **Baujahr:** | 2004 |
| **Leistung:** | 75 PS |
| **Hubraum:** | 1064 ccm |
| **Bauart:** | V-Zweizylinder, Viertakt |

# Moto Guzzi Griso

Der Griso, eine Figur aus dem berühmten italienischen Roman „Promessi Sposi" von Alessandro Manzoni, dessen Geschichte an den Ufern des Comer Sees spielt, hat diesem wunderschönen Muscle-Bike seinen Namen gegeben. Ein Motorrad, das Moto Guzzi den Weg ins neue Jahrtausend weist. Was für Harley-Davidson die V-Rod war, könnte für Guzzi die Griso werden. Eine zeitgemäße Neuinterpretation des Choppers oder ein Power-Cruiser, wie man heute sagen würde. Dennoch stilecht mit (Vierventil-)V2 und unverwechselbarem Design. Als Antrieb dient der gründlich modifizierte Guzzi-Zweiventiler, der in der Griso 88 PS leisten soll.

| | |
|---|---|
| **Modell:** | Griso |
| **Baujahr:** | 2005 |
| **Leistung:** | 88 PS |
| **Hubraum:** | 1064 ccm |
| **Bauart:** | V-Zweizylinder, Viertakt |

# Motobécane

201Ihr erstes Motorrad präsentierte die französische Firma Motobécane 1923. Dieses simpel aufgebaute Modell verkaufte sich bestens. Um die geplanten größeren Motorräder von dieser einfachen Konstruktion abzuheben, gründeten die Firmeninhaber 1925 die Marke Motoconfort. Schon bald aber unterschieden sich die Produkte von Motobécane und Motoconfort kaum noch. Noch in den 20er-Jahren stellte Motobécane ein Viertakt-Motorrad mit 350- und 500-ccm-Einbaumotoren von Blackburne vor. 1930 dann erschien ein selbst entwickelter Viertaktmotor, seitengesteuert und mit integriertem Dreiganggetriebe. In den 50er-Jahren besann sich Motobécane auf die alten Tugenden und konzentrierte sich auf einfach aufgebaute, kleine Zweitakt-Motorräder. Die wahren Verkaufserfolge konnte Motobécane immer bei den Mopeds wie etwa beim Speciale 50 verzeichnen. So blieben nur noch 50er, 80er und 125er im Programm der Franzosen, bis 1983 Yamaha die Kontrolle übernahm.

| | |
|---|---|
| **Modell:** | Speciale 50 |
| **Baujahr:** | 1969 |
| **Leistung:** | 2,7 PS |
| **Hubraum:** | 49 ccm |
| **Bauart:** | Einzylinder, Zweitakt |

# Motobécane D 55 TT

Entwickelt als Antwort auf die in Frankreich sehr beliebten italienischen Kleinkrafträder, erschien 1975 die sportliche D 55 mit Doppelschleifenrahmen und Scheibenbremse im Vorderrad. Doch auch eine Enduro-Version der D 55, die TT, führte nicht zu befriedigenden Verkaufszahlen. Die Zeit der Sportmopeds war nun einmal abgelaufen.

| | |
|---|---|
| **Modell:** | D 55 TT |
| **Baujahr:** | 1976 |
| **Leistung:** | 2,7 PS |
| **Hubraum:** | 49 ccm |
| **Bauart:** | Einzylinder, Zweitakt |

# Münch

In einer Zeit, als kein Mensch ans Motorrad glaubte, baute der Hesse Friedel Münch die Mammut. Das von einem 55 PS starken 1000er-NSU-Vierzylindermotor auf Trab gebrachte Big-Bike war Anfang 1966 das stärkste und schnellste Motorrad der Welt. Für die Serienherstellung der Mammut fand Friedel Münch im amerikanischen Motorradfan und Millionär Floyd Clymer einen finanzstarken Geschäftspartner. Bald waren im kleinen Betrieb 20 Leute beschäftigt, in den ersten drei Produktionsjahren wurden 137 Münch-4 gebaut. Danach ging es ungebremst weiter aufwärts, und die Mammut entwickelte sich weiter. Im Jahre 2000 ging schließlich Friedel Münchs Lebenstraum in Erfüllung, als er mit der Mammut 2000 eine neue Generation Münch-Räder präsentierte.

| | |
|---|---|
| **Modell:** | 4 TTS 1200 Mammut |
| **Baujahr:** | 1969 |
| **Leistung:** | 88 PS |
| **Hubraum:** | 1177 ccm |
| **Bauart:** | Vierzylinder, Viertakt |

# Münch Mammut 2000

| | |
|---|---|
| **Modell:** | Mammut 2000 |
| **Baujahr:** | 2000 |
| **Leistung:** | 260 PS |
| **Hubraum:** | 1998 ccm |
| **Bauart:** | Reihen-Vierzyl., Viertakt |

Die Münch Mammut 2000 präsentierte sich als technische Sensation. Mit 2 Litern Hubraum, Einspritzung und Turbolader erreicht sie ein maximales Drehmoment von 295 Nm. Für Friedel Münch verwirklichte sich mit dieser Maschine sein Lebenstraum: „Ich wollte noch einmal diesen Mythos auf die Straße bringen". Kern des 354 kg schweren Big-Bikes ist der Zweiliter-Viertakt-Reihen-Vierzylindermotor aus dem Opel Calibra Turbo. Die Münch Motorrad Technik GmbH stellte die Produktion der Münch Mammut 2000 nach 15 produzierten Maschinen ein, da eine kommerziell vertretbare Herstellung nicht möglich war. Geplant war eine limitierte Serie von 250 Exemplaren.

# MV Agusta

Schon ein Jahr nach dem ersten Motorrad brachte die italienische Firma 1947 mit der 125 Bicilindrica eine exklusive Serienmaschine auf den Markt. Die ab 1948 eingesetzten Werksrennmaschinen erzielten bis 1976 insgesamt 275 Grand-Prix-Siege und 38 Fahrer-Weltmeisterschaften. Firmengründer Conte Giovanni Agusta war Vaterfigur und Diktator in einem, und sein Führungsstil war „ähnlich dem Enzo Ferraris" aus heutiger Sicht eigenartig. Doch die Glorie gerade dieser Marken im Rennsport ist einzigartig. Und es mag bezeichnend sein, dass die Firma MV Agusta den Grafen nur kurz bis 1980 überlebte. Das MV-Emblem verschwand von den Motorradtanks, bis es 1997 Claudio Castiglioni mit der F4 wieder erstrahlen ließ. Und seit 2004 gibt es sogar wieder ein Werksteam in der Superbike-IDM.

| | |
|---|---|
| **Modell:** | 125 Tre Marce |
| **Baujahr:** | 1948 |
| **Leistung:** | 9 PS |
| **Hubraum:** | 123 ccm |
| **Bauart:** | Einzylinder, Zweitakt |

# MV Agusta 175 CSS

Die ab 1953 gefertigte 175 CS war die erste Serienmaschine des Hauses mit Viertaktmotor und bildete gleichzeitig mit ihrem modernen Motor mit oben liegender Nockenwelle die Basis für verschiedene Sport-Modelle, insbesondere für Langstreckenrennen. Als Serienmodell gab es sie in verschiedenen Ausführungen von luxuriös bis sportlich, und wegen ihrer Tankform wurde sie von den Motorradfahrern „disco volante" (fliegende Untertasse), genannt.

| | |
|---|---|
| **Modell:** | 175 CSS |
| **Baujahr:** | 1957 |
| **Leistung:** | 11 PS |
| **Hubraum:** | 172 ccm |
| **Bauart:** | Einzylinder, Viertakt |

# MV Agusta F4 1000 Tamburini

Massimo Tamburini ist so etwas wie der Godfather italienischen Motorrad-Designs. Er schuf unter anderem Ducatis legendäre 916, und auch für die atemberaubende F4 zeichnet er verantwortlich. Ihm zu Ehren präsentierte MV Augusta eine auf 300 Exemplare „Limited Edition“ der 1000er F4, die ihr Debüt im Jahre 2004 gab. Mit 173 PS ist die F4 1000 Tamburini nochmals 7 PS stärker als die gewiss nicht schwächliche „normale“ F4 1000. Außerdem sank das Gewicht durch Einsatz leichtgewichtiger Komponenten wie einer Karbonverkleidung, geschmiedeter Alu-Räder und einer Magnesiumschwinge um neun auf 198 kg.

| | |
|---|---|
| **Modell:** | F4 1000 Tamburini |
| **Baujahr:** | 2005 |
| **Leistung:** | 173 PS |
| **Hubraum:** | 998 ccm |
| **Bauart:** | Vierzylinder, Viertakt |

# MZ

| | |
|---|---|
| **Modell:** | ES 250 |
| **Baujahr:** | 1956 |
| **Leistung:** | 14,25 PS |
| **Hubraum:** | 243 ccm |
| **Bauart:** | Einzylinder, Zweitakt |

Bis zum Ende des Zweiten Weltkriegs und mit der Teilung Deutschlands wurden DKW-Motorräder im sächsischen Zschopau hergestellt. Ab 1951 hieß das Werk VEB Motorradwerk Zschopau, kurz: MZ. Das Werk wurde modernisiert und die robusten Motorräder in 65 Länder der Welt exportiert. Die ES 250 wurde zum meist gebauten deutschen Motorrad überhaupt. Ende der 70er-Jahre wurde das Hauptwerk geschlossen und die Produktionsstätte in das nahe Hohndorf verlegt. Mit der Wende kamen sehr schwierige Zeiten auf MZ zu, da der gesamte Ostblock-Markt wegbrach. Das Aus ließ sich Ende 1991 nicht mehr aufhalten. Doch schon ein halbes Jahr später wurde die Motorrad- und Zweiradwerk GmbH – kurz MuZ – gegründet. Schnell wurden überarbeitete Modelle vorgestellt, doch es kam zum erneuten Aus. 1995 wurden die Fertigungseinrichtungen von der Treuhand in die Türkei verkauft. Ein Jahr später wurde MZ vom malaysischen Hong-Leong-Konzern gekauft, Entwicklung und Produktion blieben aber weiterhin in Deutschland. Mit zeitgemäßen Eigenentwicklungen fand MZ wieder zu einer stärkeren Marktposition zurück.

# MZ RZ 250

Diese Rennmaschine mit dem wassergekühlten Zweitaktmotor war das Endprodukt einer langen Entwicklung, die bereits im Jahre 1954 begann. Damals wurde eine Motorsport-Werksabteilung gegründet, die im Laufe der Jahre national wie international zahlreiche Erfolge verbuchen konnte. Selbst Rennfahrerlegende Mike Hailwood ging seinerzeit für MZ an den Start. Gegen Ende der 60er-Jahre verlor MZ jedoch im GP-Sport den Anschluss an die japanischen Hersteller.

| | |
|---|---|
| **Modell:** | RZ 250 |
| **Baujahr:** | 1973 |
| **Leistung:** | 60 PS |
| **Hubraum:** | 250 ccm |
| **Bauart:** | Zweizylinder, Zweitakt |

# MZ ETZ 250

| | |
|---|---|
| **Modell:** | ETZ 250 |
| **Baujahr:** | 1981 |
| **Leistung:** | 21 PS |
| **Hubraum:** | 243 ccm |
| **Bauart:** | Einzylinder, Zweitakt |

Mit der ETZ 250 kam es 1981 zu einer erneuten Verbesserung der Optik und zum serienmäßigen Einsatz von Scheibenbremsen. Allerdings war die Version mit den Brembo-Stoppern vorrangig für den Export bestimmt und kam erst später, nach Entwicklung einer eigenen Scheibenbremse, in den ostdeutschen Handel, endlich mit 12-V-Bordnetz ausgerüstet. Das 18-Zoll-Hinterrad und der lange Radstand verbesserten die Fahrstabilität. Durch den 21-PS-Motor war die ETZ ein recht sprintstarkes Motorrad und vor allem bei der Jugend ausgesprochen beliebt.

# MZ Skorpion

In den schwierigen Jahren rund um die Wiedervereinigung hatte MZ die ETZ-Modelle zwar noch durch den Einsatz von Rotax-Motoren aufgepeppt, doch erst mit der Skorpion begann 1994 eine neue Zeitrechnung für die tapferen Sachsen. Das Straßenmotorrad wurde von Yamahas zuverlässigem 660er-Einzylindermotor angetrieben, der beispielsweise auch in der XT 660 Ténéré eingesetzt wurde.

| | |
|---|---|
| **Modell:** | Skorpion |
| **Baujahr:** | 1995 |
| **Leistung:** | 48 PS |
| **Hubraum:** | 659 ccm |
| **Bauart:** | Einzylinder, Viertakt |

# MZ Mastiff

Bereits seit 1997 bietet MZ mit der hochbeinigen Mastiff ein Supermoto-Funbike an, das wie auch die Skorpion-Modelle von Yamahas robustem Fünfventil-Single angetrieben wird. Damit gehört sie antriebstechnisch zwar nicht zur wilden Sorte, aber die gelungene Fahrwerksabstimmung und das eigenständige Äußere gaben MZ Profil zurück.

| | |
|---|---|
| **Modell:** | Mastiff |
| **Baujahr:** | 1997 |
| **Leistung:** | 50 PS |
| **Hubraum:** | 659 ccm |
| **Bauart:** | Einzylinder, Viertakt |

# MZ 1000 S

Nach mehr als drei Jahren Entwicklungsphase brachte MZ zur Saison 2004 den lange erwarteten Sporttourer aus eigener Zucht. Etwa 15 Millionen Euro hat der malaysische Mutterkonzern investiert, um der Marke eine Chance im hart umkämpften Motorradmarkt zu ermöglichen. Trotz des sportlichen Erscheinungsbilds versteht sich die MZ 1000 S eher als Tourenkrad. Der gute Windschutz und die bequeme Sitzposition unterstreichen dies. Das Fahrwerk ist gutmütig und bietet einen prima Kompromiss zwischen Sportlichkeit und Komfort. Die Kritikpunkte betreffen hauptsächlich das etwas ruppig ansprechende Aggregat, das auch durch ein mehrfach geändertes Mapping der Einspritzanlage nicht vollständig abgestellt werden konnte.

| | |
|---|---|
| **Modell:** | 1000 S |
| **Baujahr:** | 2004 |
| **Leistung:** | 115 PS |
| **Hubraum:** | 998 ccm |
| **Bauart:** | Reihen-Zweizylinder, Viertakt |

# NORTON

Der Engländer James Landsdowne Norton gründete 1899 eine Firma für Fahrradzubehör. Drei Jahre später bestückte er seine selbst gefertigten Rohrrahmen mit Motoren. 1907 schickte Norton eine von einem Peugeot-V2 angetriebene Norton-Maschine zum berühmten Rennen auf der Isle of Man und siegte. Weltruhm sollte indes der 500-ccm-Single mit oben liegender Nockenwelle erlangen, den Konstrukteur Walter Moore 1927 entwickelt hatte. Die mit diesem Triebwerk bestückten Rennmaschinen erwiesen sich auf allen Rennstrecken als nahezu unschlagbar. Nach dem Krieg stand der Name Norton für hervorragende Fahrwerke. Die Übernahme durch die AMC-Gruppe blieb zunächst ohne Folgen. Doch die finanzielle Lage besserte sich auch nach der Gründung des Konzerns Norton Villiers Limited im Jahr 1966 nicht. Die ganze Hoffnung des Konzerns lag auf der neuen Commando mit Isolastic-Fahrwerk. Doch 1977 verschwand der Name Norton, um dann 1987 mit einem Wankel-Motorrad wieder in Erscheinung zu treten. Abgebildet ist eines der erfolgreichsten Rennmotorräder aller Zeiten, die Manx 500 aus dem Jahr 1961.

| | |
|---|---|
| **Modell:** | Manx 500 |
| **Baujahr:** | 1961 |
| **Leistung:** | 50 PS |
| **Hubraum:** | 497 ccm |
| **Bauart:** | Einzylinder, Viertakt |

# Norton Commando 952

Mit klassischem, luftgekühltem ohv-Motor und traditionellen Formen bleibt die neue Norton aus Oregon in den USA der klassischen Linie treu. Motor und Fahrwerk wurden jedoch vollkommen neu entwickelt. So handelt es sich um einen Kurzhuber, und das Getriebe ist kein separates Bauteil mehr, sondern mit dem Motor verblockt. Mit einer Leistung von 80 PS und einem Trockengewicht von knapp über 200 kg sind gute Fahrleistungen zu erwarten.

| | |
|---|---|
| **Modell:** | Commando 952 |
| **Baujahr:** | 2005 |
| **Leistung:** | 80 PS |
| **Hubraum:** | 961 ccm |
| **Bauart:** | Zweizylinder, Viertakt |

# NSU

| | |
|---|---|
| **Modell:** | 251 Sport |
| **Baujahr:** | 1928 |
| **Leistung:** | 10 PS |
| **Hubraum:** | 247 ccm |
| **Bauart:** | Einzylinder, Viertakt |

NSU steht für Neckarsulm. 1886 begann die Firma mit der Produktion von Fahrrädern. Mit Blick auf Firmen in Großbritannien, die ähnliche Produkte mit zugkräftigen Markennamen vermarkteten, entstand das Zeichen „NSU". 1901 war ein Neckarsulmer Motorrad mit Zedel-Einbaumotor schon 40 km/h schnell. Die eigenen Motoren kamen 1903 hinzu. 1926 kam der Zusammenschluss mit Schebera AG in Berlin, und es entstanden Motorräder wie die 251 Sport. Um konkurrenzfähig zu bleiben, wurde eine Vertriebskooperation mit den Wanderer-Werken in Chemnitz vereinbart. Während des Zweiten Weltkriegs hatte die gesamte Produktion auf Rüstungsgüter umgestellt. Schon 1947 legte das Unternehmen in der Motorradproduktion wieder spürbar zu. Mitte der 50er-Jahre war NSU der größte Zweiradproduzent der Welt. Quickly, Max, Fox und Lux haben Motorradgeschichte geschrieben. Ende der 50er-Jahre wurde zuerst die Motorradproduktion und Mitte der 60er-Jahre die Fahrradproduktion eingestellt. NSU fusionierte 1969 mit der Autounion GmbH.

# NSU 351 SS

Mit dem von Norton abgeworbenen Walter William Moore begann der große Siegeszug im Motorrad-Rennsport für NSU. Moore entwickelte die 501-SS- und 351-SS-Rennmaschinen. Neben dem raffiniert konstruierten Königswellen-Einzylindermotor bestachen auch die glänzenden Fahreigenschaften durch den tiefen Schwerpunkt.

| | |
|---|---|
| **Modell:** | 351 SS |
| **Baujahr:** | 1936 |
| **Leistung:** | 25 PS |
| **Hubraum:** | 346 ccm |
| **Bauart:** | Einzylinder, Viertakt |

# NSU Max Standard

| | |
|---|---|
| **Modell:** | Max Standard |
| **Baujahr:** | 1952 |
| **Leistung:** | 17 PS |
| **Hubraum:** | 247 ccm |
| **Bauart:** | Einzylinder, Viertakt |

In den 50er-Jahren war die Max das meistgefahrene Motorrad aller Klassen in Deutschland. Konstrukteur Albert Roder hatte mit der Max ein Motorrad geschaffen, das auch international seinesgleichen suchte. Die kleine Max konnte bei ihrer Einführung fast die gleiche Leistung wie die 100 ccm größere Konsul vorweisen.

# NSU Quickly „Cavallino“

*Das* Sportmoped von NSU mit der italienischen Linie. Die NSU-Werbung von damals: „Wohl dem, der eine Quickly hat“ oder „Nicht mehr laufen, Quickly kaufen!“, war für die jungen Halbstarken der späten 50er-Jahre nicht mehr Zugpferd genug. Der Wunsch nach einem Moped im „richtigen“ Motorradlook wurde mit der „Cavallino“ erfüllt. Der Name bedeutet Pferdchen und leitet sich vom italienischen Ort Cavallino ab, wo auf NSU-Fahrer der Firmencampingplatz „NSU-Lido“ wartete.

| | |
|---|---|
| **Modell:** | Quickly „Cavallino“ |
| **Baujahr:** | 1959 |
| **Leistung:** | 1,7 PS |
| **Hubraum:** | 49 ccm |
| **Bauart:** | Einzylinder, Zweitakt |

# OPEL

Opel und Motorräder? 1886 entschloss sich Adam Opel früh zur Herstellung von Fahrrädern, und 1901 entstand das erste Motorrad aus Rüsselsheim. Es folgten Einzylinder-Baureihen mit unten offenem sowie geschlossenem Rahmen und 1905 auch ein Parallel-Zweizylinder-Modell. Mit Erfolg wurden in den folgenden Jahren Kleinkrafträder vermarktet, die sich in ihrer Erscheinung mehr und mehr einem echten Motorrad annäherten. Auch im Rennsport war die Marke aktiv. Den Höhepunkt stellte 1929 die Versuchsfahrt mit einem Raketenmotorrad dar. Als Opel 1928 die Elite-Diamant AG in Reichenbrand übernahm, wurden dort 500-ccm-Motorräder gefertigt. In diesem Jahr begann auch die Geschichte des bekanntesten Opel-Modells, der Motoclub. Doch die herannahende Wirtschaftskrise verhinderte einen größeren Erfolg. Die Produktion endete im Jahr 1931.

| | |
|---|---|
| **Modell:** | Motoclub T |
| **Baujahr:** | 1929 |
| **Leistung:** | 16 PS |
| **Hubraum:** | 498 ccm |
| **Bauart:** | Einzylinder, Viertakt |

# PEUGEOT

Die französische Marke Peugeot zählte zu den Pionieren beim Bau von motorisierten Zweirädern. 1892 trennten sich die beiden Peugeot-Brüder. Eugène wollte Autos bauen, Armand hingegen Motorräder. Bereits um die Jahrhundertwende entstanden in seiner Fabrik in Beaulieu aus der Kombination ungefederter Fahrradrahmen mit simplen Einzylindermotoren die ersten Motorräder. Schon bald erwiesen sie sich auf der Rennstrecke als erfolgreich. Mit 123,2 km/h erlangte Peugeot 1905 dank eines 1,1-Liter-V-Zwei-Renners den absoluten Geschwindigkeitsrekord. Ab 1933 entstand bei Peugeot eine Reihe robuster Alltags- und Tourenmotorräder wie die 515 Records. Nach dem Ende des Zweiten Weltkriegs beschränkte sich die Firma auf die Fertigung von Zweitakt-Motorrädern. In den 50er-Jahren übernahm der Peugeot-Konzern die Marken Magnat Debon, Automoto und Terrot. Zu dieser Zeit zeigte sich bereits, dass der Bedarf an Motorrädern stark rückläufig war. Peugeot reagierte prompt und spezialisierte sich auf die Herstellung kleiner 50-ccm-Mofas.

| | |
|---|---|
| **Modell:** | 515 Records |
| **Baujahr:** | 1934 |
| **Leistung:** | 20 PS |
| **Hubraum:** | 495 ccm |
| **Bauart:** | Einzylinder, Viertakt |

# PUCH

Der Österreicher Johann Puch begann 1891 mit der Produktion von Drahteseln, denen bald Motorräder folgten. Charakteristisch für die Grazer sollte jedoch eine bestimmte Motorenbauart werden: der Einzylinder-Zweitakt-Doppelkolbenmotor. Diese ausgefallene Technik sollte 50 Jahre lang das Aushängeschild von Puch sein. Im Jahr 1934 entstand aus dem Zusammenschluss der Firmen Steyr, Daimler und Puch Österreichs größte Motorradfabrik. Nach dem Zweiten Weltkrieg entstanden neue Modelle, die mit der weiterentwickelten Doppelkolbentechnik ausgestattet waren. Ende der 60er-Jahre verabschiedeten sich die Österreicher vom aufwändigen Doppelkolben-Konzept und präsentierten sportliche Einzylinder-Zweitakter. Ab 1973 engagierte sich das Werk bei Motocross-Wettbewerben – im Einsatz war auch die GS 175 –, zog sich jedoch trotz eines Weltmeisterschaftstitels im Jahre 1975 bereits 1977 wieder von den Rennen zurück. 1987 übernahm die italienische Firma Piaggio den Motorradbereich.

| | |
|---|---|
| **Modell:** | Bassotto GS 175 |
| **Baujahr:** | 1973 |
| **Leistung:** | 24 PS |
| **Hubraum:** | 169 ccm |
| **Bauart:** | Einzylinder, Zweitakt |

# Royal Enfield

Die ersten Modelle im Stil der heutigen Royal Enfield gehen auf das Jahr 1931 zurück. Technisch befand sich Royal Enfield damals an der Spitze des Landes. Als erster Hersteller nutzte Enfield die Hinterradfederung auch im Geländesport. Mit der Übernahme in den Smith-Konzern 1962 fiel zunächst der Einzylinder aus dem Programm, 1967 wurde das Stammwerk in Redditch geschlossen und 1970 schließlich die Marke Royal Enfield beerdigt. Allerdings gibt es seit 1955 ein Zweigwerk in Indien, das vollkommen autark arbeitet. Denn die Madras Motor Company importierte ab 1949 Royal Enfield, doch als die indische Regierung die Bullet 350 als Behördenkrad wählte, überstieg die Nachfrage aus Indien die englische Produktionskapazität. Also entstamd in der Provinz Madras die Firma Enfield India Ltd. Incorporated.

| | |
|---|---|
| **Modell:** | Bullet 350 |
| **Baujahr:** | 1953 |
| **Leistung:** | 16 PS |
| **Hubraum:** | 346 ccm |
| **Bauart:** | Einzylinder, Viertakt |

# Sachs

Eigene Motorräder unter dem Markennamen Sachs waren in der Nachkriegszeit eine seltene Ausnahme, da man in erster Linie als Motorenlieferant auftrat und mit den 1963 übernommenen Nürnberger Hercules-Werken eine eigene Motorradmarke im Sachs-Konzern hatte. Mit dem Kauf von Fichtel & Sachs durch den Mannesmann-Konzern im Jahr 1995 wurde der motorisierte Bereich als Sachs Fahrzeug- und Motorentechnik GmbH ausgegliedert und drei Jahre später an die Winning Wheels Gruppe verkauft, die sich 2000 wieder zurückzog. Heute ist die unabhängige GmbH mit jährlich über 25 000 verkauften Einheiten einer der größten Anbieter von motorisierten Zweirädern in Deutschland. Hier das legendäre Kleinkraftrad für Halbstarke der 80er-Jahre.

| | |
|---|---|
| **Modell:** | K 50 Ultra II LC |
| **Baujahr:** | 1979 bis 1983 |
| **Leistung:** | 6,25 PS |
| **Hubraum:** | 49 ccm |
| **Bauart:** | Einzylinder, Zweitakt |

# Sachs s-650 Roadster

Die Optik der Maschine erfreut durch eine gefällige Linienführung. Der 650er-Eintopf von Suzuki ist solide und ausreichend kräftig. Doch trotz einem gewissen „Made-in-Germany-Bonus" und dem immer noch klangvollen Namen eines traditionsreichen Unternehmens im Gepäck wurde die kleinc Roadster im Zeitalter der Streetfighter, Supersportler und Monster-Cruiser kein wirklich großer Erfolg. Daran konnte auch die hier abgebildete Exklusiv-Version im Titan-Look nichts ändern.

| | |
|---|---|
| **Modell:** | s-650 Roadster |
| **Baujahr:** | 2002 |
| **Leistung:** | 50 PS |
| **Hubraum:** | 644 ccm |
| **Bauart:** | Einzylinder, Viertakt |

# Suzuki

| | |
|---|---|
| **Modell:** | 125 ST6A |
| **Baujahr:** | 1959 |
| **Leistung:** | 8 PS |
| **Hubraum:** | 124 ccm |
| **Bauart:** | Einzylinder, Viertakt |

Ende 1951 beschloss Suzuki, ins Motorradgeschäft einzusteigen. Zwar hatte das erste Suzuki-Hüpferli Power Free nur 36 ccm und 1 PS Leistung, doch bis Ende 1952 hatte man gut 10 000 Zweitakt-Mopeds verkauft. So gut es ging, brachte man die Suzuki-Modelle wie die 125 ST6A unters Volk. In Japan und den USA lag Suzuki voll auf Erfolgskurs. Eine Sensation wurde 1976 das neue Vierzylinder-Bike GS 750. Erstmals hatte Suzuki einen Viertakter im Programm. Ab Anfang der 80er rutschte „die große Suzuki-Familie" immer tiefer in die Krise. Als Ausweg blieb nur der Eingriff vom Stammwerk. Ab Oktober 1984 kam das Management direkt aus Japan und brachte die neu gegründete Suzuki Motor GmbH Deutschland in Heppenheim wieder auf Kurs. Zeitgleich präsentierte Suzuki 1984 den nächsten Knaller: die GSX-R750. Ein Rennmotorrad für die öffentliche Straße, und plötzlich sprach man vom Superbike. Suzuki gibt es nun über 50 Jahre, und der Motorradhersteller lässt eigentlich keine Wünsche offen.

# Suzuki TC 305 Scrambler

Anfang der 60er-Jahre war in den USA ein gigantischer Motorradboom in die Gänge gekommen. Besonderen Spaß hatte die verrückte junge Biker-Generation an Geländemaschinen. Da für die japanische Motorradindustrie die USA Exportland Nummer eins war, hatten alle so genannte Scrambler im Angebot. Bei Suzuki war es die 37 PS starke TC 305.

| | |
|---|---|
| **Modell:** | TC 305 Scrambler |
| **Baujahr:** | 1968 |
| **Leistung:** | 37 PS |
| **Hubraum:** | 492 ccm |
| **Bauart:** | Zweizylinder, Zweitakt |

# SUZUKI GT 550

Anfang der 70er-Jahre gab es unter den Motoradfahrern noch eine große Zweitaktbegeisterung. Für diese Fraktion bot Suzuki das Himmelreich. Das Modellangebot reichte von 50 bis 750 ccm. Für die Mittelklasse gab es ab 1972 die GT 550 mit Dreizylinder-Zweitaktmotor. Das 48 PS starke Bike verfügte über einen seidenweichen Motorlauf, hatte einen E- und Kickstarter, und für die Zylinderkühlung sorgte das so genannte Ram-Air-System.

| | |
|---|---|
| **Modell:** | GT 550 |
| **Baujahr:** | 1972 |
| **Leistung:** | 48 PS |
| **Hubraum:** | 543 ccm |
| **Bauart:** | Dreizylinder, Zweitakt |

# Suzuki GT 500

Eingefleischte Suzuki-Zweitakt-Fans kannten die 500er-Suzuki vom Hörensagen bereits seit Jahren. Fritz Röth, damaliger Importeur in Hammelbach, nahm den agilen Zweitakt-Twin allerdings erst 1976 ins Angebot auf. Die 40 PS starke GT 500 verfügte über einen bärenstarken Durchzug und eine enorme Beschleunigung. Im Prinzip war sie eine Alleskönnerin, je nach Lust und Laune konnte man mit dem 500er-Twin sportlich oder gemütlich, zu zweit oder bis ans Ende der Welt fahren.

| | |
|---|---|
| **Modell:** | GT 500 |
| **Baujahr:** | 1976 |
| **Leistung:** | 40 PS |
| **Hubraum:** | 492 ccm |
| **Bauart:** | Zweizylinder, Zweitakt |

# Suzuki GS 750

| | |
|---|---|
| **Modell:** | GS 750 |
| **Baujahr:** | 1977 |
| **Leistung:** | 63 PS |
| **Hubraum:** | 748 ccm |
| **Bauart:** | Vierzylinder, Viertakt |

Seit Anfang der 70er-Jahre standen die Zeichen gegen Zweitakt-Bikes. Die Motorradwelt schrie nach Vierzylinder-Viertaktmaschinen, wie die Honda CB750 Four. Auf diese Bedürfnisse reagierte Suzuki mit der GS-Viertakt-Baureihe. Ihre Weltpremiere feierte die neue GS 750 auf der IFMA 1976. Zwar gab das Werk 8800 U/min an, doch der Motor drehte locker bis 10 000 U/min und brachte das Bike auf 200 km/h.

# Suzuki GS 650 G Katana

Mit der neuen Katana-Modellreihe wagte Suzuki ab 1980 einen mutigen Schritt. Das Design war gewöhnungsbedürftig und längst nicht jedermanns Ding. Jedenfalls, was die 750er- und 1100er-Maschine betraf. Für den sportlich orientierten Tourenfahrer war die GS 650 G Katana gedacht. Ein Bike, das spritzig aussah, aber mit Kardanantrieb die Wünsche der Langstreckenfahrer erfüllte.

| | |
|---|---|
| **Modell:** | GS 650 G Katana |
| **Baujahr:** | 1981 |
| **Leistung:** | 74 PS |
| **Hubraum:** | 673 ccm |
| **Bauart:** | Vierzylinder, Viertakt |

# Suzuki RG 250 W Gamma

Gemäß dem Motto „Tradition verpflichtet" überraschte Suzuki die Zweitaktfans 1983 mit der vollkommen neu entwickelten RG 250 W Gamma. Als erste Großserienmaschine verfügte die sportliche 250er über einen Alurahmen. Der nur 146 kg leichte Flitzer schaffte knapp 180 Spitze. Auf verwinkelten Nebenstraßen war er ein wahrer „Hecht im Karpfenteich".

| | |
|---|---|
| **Modell:** | RG 250 W Gamma |
| **Baujahr:** | 1985 |
| **Leistung:** | 45 PS |
| **Hubraum:** | 247 ccm |
| **Bauart:** | Zweizylinder, Viertakt |

# Suzuki GSX-R 750

Die Charakterisierung traf voll ins Schwarze: „Von der Rennstrecke auf die Straße". So und nicht anders stand die brandneue Suzuki GSX-R 750 auf der IFMA 1984 in Köln. Die Welt war geplättet, und alle sprachen ab sofort nur noch vom Superbike. Auch kein Wunder: Eine 750er mit 100 PS, Aluchassis, kaum 200 kg schwer, über 230 Sachen schnell und mit atemberaubender Rennoptik hatte es bisher noch nie gegeben.

| | |
|---|---|
| **Modell:** | GSX-R 750 |
| **Baujahr:** | 1985 |
| **Leistung:** | 100 PS |
| **Hubraum:** | 748 ccm |
| **Bauart:** | Vierzylinder, Viertakt |

# Suzuki VS 750 GL Intruder

| | |
|---|---|
| **Modell:** | VS 750 GL Intruder |
| **Baujahr:** | 1986 |
| **Leistung:** | 50 PS |
| **Hubraum:** | 738 ccm |
| **Bauart:** | V-Zweizylinder, Viertakt |

Die ersten japanischen „Easyrider"-Bikes wurden spöttisch Softchopper genannt, weil sie nachträglich umgebaute Serienmaschinen waren. Ganz anders die VS 750 GL Intruder. Sie darf als erster echter Chopper „made in Japan" bezeichnet werden: das 45-Grad-V2-Triebwerk über Wasserkühlung, oben liegende Nockenwellen, Vierventiltechnik und Kardanantrieb. Die Intruder war ein Meisterstück und sah „rattenscharf" aus.

# Suzuki DR 650 RS

Enduros sind eigentlich als Geländemaschinen gedacht, sie eignen sich aber auch hervorragend als Reisemaschinen. Aufrecht sitzend, die Nase im Wind, lassen sich Natur und Landschaft pur erleben. Dank breitem Lenker und geringem Gewicht sind sie außerordentlich handlich, auf verwinkelten Landstraßen und in den Alpen sogar unschlagbar. Und weil Geländefahren meist illegal ist, begegnet man den Enduristen vorrangig auf den Landstraßen.

| | |
|---|---|
| **Modell:** | DR 650 RS |
| **Baujahr:** | 1994 |
| **Leistung:** | 46 PS |
| **Hubraum:** | 641 ccm |
| **Bauart:** | Einzylinder, Viertakt |

# Suzuki GSF 600 S Bandit

Zur Saison 2000 wurde die Bandit umfangreich überarbeitet und bekam unter anderem einen neuen Rahmen, straffere Federelemente, bissigere Bremsen und ein überarbeitetes Triebwerk spendiert. Die hier abgebildete S-Version wurde nun mit einer größeren Halbschalenverkleidung ausgestattet, die einen deutlich besseren Windschutz als beim Vorgängermodell bietet.

| | |
|---|---|
| **Modell:** | GSF 600 S Bandit |
| **Baujahr:** | 2000 |
| **Leistung:** | 78 PS |
| **Hubraum:** | 600 ccm |
| **Bauart:** | Reihen-Vierzylinder, Viertakt |

# Suzuki GSX-R 750

Als Suzuki im Herbst 1999 die neue 750er-GSX-R vorstellte, war das Aufatmen der Fangemeinde groß. Nachdem das Vorgängermodell designtechnisch auf Abwegen wandelte und für viel Häme sorgte, war die Welt nun wieder in Ordnung. Die Neue war ganz der sehnige Supersportler, auf den die Racing-Freaks gewartet hatten. Der konsequente Leichtbau drückte das Gewicht auf sensationelle 166 kg (leer), während gleichzeitig die Leistung auf 140 PS stieg. Dazu gesellten sich ein erstklassiges Fahrwerk und eben endlich wieder ein ansprechendes Äußeres.

| | |
|---|---|
| **Modell:** | GSX-R 750 |
| **Baujahr:** | 2000 |
| **Leistung:** | 140 PS |
| **Hubraum:** | 749 ccm |
| **Bauart:** | Reihen-Vierzylinder, Viertakt |

# Suzuki GS 500 E

Seit Ende der 80er-Jahre führt Suzuki die GS 500 als robustes „Brot-und-Butter“-Motorrad im Programm. Generationen von Fahrschülern haben auf diesem Modell ihre ersten Meter zurückgelegt. Geringes Gewicht, niedrige Sitzhöhe, spielerisches Handling, wartungsfreundliche Technik und günstiger Preis machen die GS 500 E zu einem beliebten Einsteiger-Motorrad.

| | |
|---|---|
| **Modell:** | GS 500 E |
| **Baujahr:** | 2001 |
| **Leistung:** | 45 PS |
| **Hubraum:** | 487 ccm |
| **Bauart:** | Reihen-Zweizylinder, Viertakt |

# Suzuki SV 650 S

Es waren nicht nur der günstige Preis und der quirlige Motor, die die kleine SV zum großem Erfolg für Suzuki werden ließen. Auch optisch wusste der modern geschnittene Alltagssportler zu gefallen. Gerade auch mit der schicken Halbschalenverkleidung, zu der die meisten Käufer griffen. Sie sorgt für passablen Windschutz und lässt dem formschönen Gitterrohrrahmen noch genügend Freiraum, um sich gekonnt in Szene zu setzen.

| | |
|---|---|
| **Modell:** | SV 650 S |
| **Baujahr:** | 2001 |
| **Leistung:** | 70 PS |
| **Hubraum:** | 645 ccm |
| **Bauart:** | V-Zweizylinder, Viertakt |

# Suzuki GSX 1300 R Hayabusa

Sie war das erste Serienmotorrad, welches die 300-km/h-Marke knackte. Der mächtige 1300er-Reihen-Vierzylinder katapultiert die GSX mit der Urgewalt von 175 PS nach vorne. Seit 2002 werden die Abgase mit geregeltem Katalysator entgiftet. In Anbetracht der enormen Leistung ist es schon verwunderlich, wie geschmeidig und stressfrei sich die Hayabusa bewegen lässt. Das straff, aber nicht supersportlich abgestimmte Fahrwerk stellt einen gelungenen Kompromiss zwischen Komfort und Agilität dar und lässt die GSX auf allen Straßen gut aussehen.

| | |
|---|---|
| **Modell:** | GSX 1300 R Hayabusa |
| **Baujahr:** | 2001 |
| **Leistung:** | 175 PS |
| **Hubraum:** | 1298 ccm |
| **Bauart:** | Reihen-Vierzylinder, Viertakt |

# Suzuki RM 250

Mit dem Werkscrosser RM 250 holte der Franzose Mickael Pichon mehrere WM-Titel für Suzuki. Am Anfang ihrer Karriere war die 250er-RM ein wenig übergewichtig, doch durch die jährlich durchgeführten, intensiven Modellpflegemaßnahmen mutierte die RM zu einem leichten wie leistungsstarken Hardcore-Crosser, der sich erfolgreich in der Weltspitze behaupten konnte.

| | |
|---|---|
| **Modell:** | RM 250 |
| **Baujahr:** | 2003 |
| **Leistung:** | 54 PS |
| **Hubraum:** | 249 ccm |
| **Bauart:** | Einzylinder, Zweitakt |

# Suzuki GSX-R 600

| | |
|---|---|
| **Modell:** | GSX-R 600 |
| **Baujahr:** | 2004 |
| **Leistung:** | 120 PS |
| **Hubraum:** | 599 ccm |
| **Bauart:** | Reihen-Vierzylinder, Viertakt |

Das Wettrüsten in der 600er-Supersport-Klasse brachte 2004 eine völlig überarbeitete GSX-R hervor, die mit einem 120 PS starken Hightech-Aggregat bestückt war. Hohlgebohrte Nockenwellen, Titanventile und Motordeckel aus Magnesium zeugen von den Bemühungen um jede einzelne Pferdestärke und jedes Gramm Gewichtsersparnis. Knapp 260 km/h Höchstgeschwindigkeit sind für eine 600er wahrlich ein Wort!

# Suzuki GSF 650 Bandit

Suzukis Erfolgsmodell Bandit war inzwischen zwar in die Jahre gekommen, aber dennoch durchaus auf der Höhe der Zeit. Um vorne dabeizubleiben, wurde zur Saison 2005 eine umfassende Überarbeitung vorgenommen. Dabei ist vor allem der Hubraumzuwachs auf 656 ccm zu erwähnen, der der Bandit zwar keine höhere Spitzenleistung beschert, aber dafür das Drehmomentniveau anhebt. Die optischen Modifikationen fielen eher gering aus, dafür ist die Bandit nun auch mit ABS zu haben. Natürlich gibt es wieder eine halbverkleidete S-Version.

| | |
|---|---|
| **Modell:** | GSF 650 Bandit |
| **Baujahr:** | 2005 |
| **Leistung:** | 78 PS |
| **Hubraum:** | 656 ccm |
| **Bauart:** | Reihen-Vierzylinder, Viertakt |

# Triumph

| | |
|---|---|
| **Modell:** | 500 5T Speed Twin |
| **Baujahr:** | 1938 |
| **Leistung:** | 26 PS |
| **Hubraum:** | 499 ccm |
| **Bauart:** | Zweizylinder, Viertakt |

Die Ursprünge von Triumph gehen auf den Deutschen Siegfried Bettmann zurück, der sich 1886 „Triumph" als Firmen-Logo schützen ließ. Gemeinsam mit seinem deutschen Ingenieur Mauritz Schulte entstand in der Fabrik in Coventry 1902 das erste Triumph-Einzylinder-Motorrad. Nach dem Ersten Weltkrieg ging es bei Triumph wirtschaftlich weiterhin bergauf. Das Werk beschäftigte über 3000 Mitarbeiter, die pro Woche 1000 Einzylinder-Zwei- und -Viertaktmaschinen fertigten. Im Herbst 1937 brachte Triumph eine neue Motorradgeneration auf den Markt: die T5 mit Speed-Twin-Motor. Verkaufsschlager wurden die bekannten Speed-Twin-Modelle. Den eigentlichen Überhammer stellte das Werk 1958 vor, die 650er-Bonneville. Doch auch die neue 750er-Dreizylinder-Trident sollte am ständig schwindenden Kaufinteresse der einst so begehrten Ladys wenig ändern. In den folgenden Jahren legten immer wieder Streiks die Produktion lahm. 1983 ersteigerte John Bloor das Triumph-Werk, und ab 1990 kam eine neue Generation von Triumph-Maschinen auf den Markt. Mittlerweile ist die englische Marke wieder weltweit gut im Geschäft.

# Triumph 650 T120 Bonneville

Das Jahr 1956 ging in die Geschichte ein. Mit sagenhaften 345 km/h raste Johnny Allen mit einer Spezial-Triumph über den Salzsee von Bonneville/USA. Zu Ehren des Weltrekords wurde 1958 auf der Motor Show in London die 650er-Triumph T120 Bonneville vorgestellt. Die 46 PS starke „Bonnie" wurde im Triumph-Programm zum Topseller und Inbegriff eines englischen Motorrades.

| | |
|---|---|
| **Modell:** | 650 T120 Bonneville |
| **Baujahr:** | 1962 |
| **Leistung:** | 46 PS |
| **Hubraum:** | 649 ccm |
| **Bauart:** | Zweizylinder, Viertakt |

# Triumph 750 T150 Trident

Hektischer Modellwechsel oder gar eine Flut von neuen Bikes waren bei Triumph weitgehend unbekannt. Man schwor auf Bewährtes und pflegte die Tradition. Umso überraschender brachte das Werk 1968 die 750er-Dreizylinder-Trident auf den Markt. Mit diesem 58 PS starken Super-Motorrad wollte man die Japa ner ausstechen. Ab 1972 erhielt die Trident ein Fünfganggetriebe, und die Modellbezeichnung änderte sich von T150 in T150V. Das V stand für fünf Gänge.

| | |
|---|---|
| **Modell:** | 750 T150 Trident |
| **Baujahr:** | 1972 |
| **Leistung:** | 58 PS |
| **Hubraum:** | 740 ccm |
| **Bauart:** | Dreizylinder, Viertakt |

# TRIUMPH TRIDENT 900

Mit der IFMA 1990 in Köln hat sich Triumph mit vollkommen neuen Modellen auf dem internationalen Motorradmarkt zurückgemeldet. An ruhmreiche Traditionen erinnert die Trident 900. Das Dreizylinder-Triebwerk verfügt über einen eigenständigen Charakter, mächtig Dampf aus dem Keller und dem unverwechselbaren Flair eines typisch englischen Bikes.

| | |
|---|---|
| **Modell:** | Trident 900 |
| **Baujahr:** | 1992 |
| **Leistung:** | 100 PS |
| **Hubraum:** | 884 ccm |
| **Bauart:** | Vierzylinder, Viertakt |

# Triumph Speed Triple 900

In den 60er- und 70er-Jahren gab es in England eine berühmt-berüchtigte Café-Racer-Szene. Der halbstarken Speed-Fraktion konnte es nie schnell genug gehen, illegale Rennen waren Ehrensache. An diese Zeit knüpft die Speed Triple 900 an, wenn auch nur symbolisch. Die Zeiten haben sich schließlich geändert, und längst brauchen sich „jung gebliebene" Biker keinem mehr zu beweisen.

| | |
|---|---|
| **Modell:** | Speed Triple 900 |
| **Baujahr:** | 1994 |
| **Leistung:** | 98 PS |
| **Hubraum:** | 885 ccm |
| **Bauart:** | Vierzylinder, Viertakt |

# Triumph Daytona 955i

Die Daytona 955i war das erste Modell aus der zweiten Generation der Hinckley-Triumphs, die das bis dahin so erfolgreiche Baukastenprinzip verließ, das Triumph wieder zu einem ernst zu nehmenden Mitstreiter auf dem Motorradmarkt etabliert hatte. Sie hatte alle Eigenschaften, um sich eine Nische im heiß umkämpften Markt der hubraumstarken Supersportler zu schaffen: einen kraftvollen Motor mit einem breit nutzbaren Drehzahlband, ein tadelloses Fahrwerk, das selbst bei härtestem Einsatz auf der Rennstrecke überzeugte, und eine unglaublich effiziente Bremsanlage. Bemerkenswert ist, dass Triumph hier eine schnelle Maschine für den Straßeneinsatz und keine reine Rennmaschine konzipierte.

| | |
|---|---|
| **Modell:** | Daytona 955i |
| **Baujahr:** | 2000 |
| **Leistung:** | 128 PS |
| **Hubraum:** | 955 ccm |
| **Bauart:** | Reihen-Dreizylinder, Viertakt |

# Triumph Speed Triple

| | |
|---|---|
| **Modell:** | Speed Triple |
| **Baujahr:** | 2000 |
| **Leistung:** | 108 PS |
| **Hubraum:** | 955 ccm |
| **Bauart:** | Reihen-Dreizylinder, Viertakt |

Die zweite Generation der Speed Triple schlug ein wie eine Bombe. Die verwegene Optik und das schlanke, aggressive Styling mit dem ultimativen Streetfighter-Look. Die 108-PS-Version des ebenfalls von der Daytona stammenden Dreizylindermotors wurde auf Drehmoment ausgelegt und versorgt das Bike mit einer unglaublichen Beschleunigung. Ganz zu schweigen von dem unnachahmlichen „Brüllen" des Triples, das jedem Motorradfan eine Gänsehaut bescheren müsste.

# Triumph Sprint ST

Die Sprint ST wurde 1999 präsentiert und ging direkt in zahlreichen Vergleichstests mit arrivierten japanischen Sporttourern als Sieger hervor. Sie verbindet Leistung und Handlichkeit eines Sportbikes mit dem Komfort eines Tourenmotorrads. Der flüssigkeitsgekühlte Dreizylindermotor stammt von der Daytona 955i, wurde aber auf ein breit nutzbares Drehzahlband ausgelegt. Die enorme Leistungsentfaltung des Powerpakets wird zuverlässig von den wirkungsvollen und gut dosierbaren Vierkolben-Doppelscheibenbremsen in Schach gehalten.

| | |
|---|---|
| **Modell:** | Sprint ST |
| **Baujahr:** | 2000 |
| **Leistung:** | 105 PS |
| **Hubraum:** | 995 ccm |
| **Bauart:** | Reihen-Dreizylinder, Viertakt |

# Triumph Daytona 955i

Das Flaggschiff im Triumph-Angebot wurde Mitte der Saison 2001 komplett überarbeitet. Für Vortrieb sorgt die zweite Generation des hubraumstärksten Dreizylindermotors. Er beeindruckt durch ein starkes Drehmoment ebenso wie durch seinen typischen Sound. Und das inklusive geregeltem Katalysator plus Sekundärluftsystem. Auch das ohnehin schon gute Fahrwerk wurde nochmals verbessert: Für die Fahreigenschaften verantwortlich sind der kürzere Radstand, der steilere Lenkkopfwinkel, die nun doppelarmig ausgelegte Schwinge, das leichtere 17-Zoll-Vorderrad und die einstellbaren Feder- und Dämpfungselemente.

| | |
|---|---|
| **Modell:** | Daytona 955i |
| **Baujahr:** | 2001 |
| **Leistung:** | 147 PS |
| **Hubraum:** | 955 ccm |
| **Bauart:** | Reihen-Dreizylinder, Viertakt |

# Triumph Speed Four

Bei ihrer Vorstellung im Frühjahr 2002 erhielt die Speed Four weltweite Anerkennung, bevor ein Feuer in den Werkshallen von Hinckley die Produktion zu einem abrupten Halt brachte. Auf die gleiche Art und Weise wie die große Daytona zur Speed Triple umfunktioniert wurde, kommt die Speed Four als gestrippte Version des Supersportlers TT 600 daher. Deren Vierzylinder-Reihenmotor wurde auf Drehmoment getrimmt und in der Spitzenleistung ein wenig zurückgenommen.

| | |
|---|---|
| **Modell:** | Speed Four |
| **Baujahr:** | 2003 |
| **Leistung:** | 98 PS |
| **Hubraum:** | 599 ccm |
| **Bauart:** | Reihen-Vierzylinder, Viertakt |

# Triumph T100

| | |
|---|---|
| **Modell:** | T100 |
| **Baujahr:** | 2003 |
| **Leistung:** | 61 PS |
| **Hubraum:** | 790 ccm |
| **Bauart:** | Zweizylinder, Viertakt |

Wenn jemals ein Modell den Kern des traditionellen Motorradfahrens verkörpert hat, dann ist es die Bonneville. Mit der T100 präsentierte Triumph ein Sondermodell zum 100. Firmenjubiläum. Gezeichnet nach der zeitlosen Linie der Bonneville, versehen mit Vollgummi-Pads am zweifarbigen Tank und glänzendem Chrom, welche einen modernen Café-Racer-Touch vermitteln – die T100 beweist besondere Liebe zum Detail.

# Triumph Speed Triple

Vor mehr als zehn Jahren schaffte die Speed Triple genau das, was im Motorradbereich nicht leicht ist: Kultstatus zu erlangen! 2005 wird die Legende zu neuem Leben erweckt. Frisch vom Zeichenbrett kommt ein 1050 ccm großer, von einer elektronischen Kraftstoffeinspritzung gefütterter Motor mit sattem Drehmoment, einer druckvollen Mitte und beeindruckender Leistungsfähigkeit. Um den Motor wurde ein neuer Alurahmen konstruiert. Zwei hoch gelegte Endschalldämpfer prägen die Heckansicht der hochmodernen Maschine.

| | |
|---|---|
| **Modell:** | Speed Triple |
| **Baujahr:** | 2005 |
| **Leistung:** | 130 PS |
| **Hubraum:** | 1050 ccm |
| **Bauart:** | Reihen-Dreizylinder, Viertakt |

# VICTORY

| | |
|---|---|
| **Modell:** | V92C „Deluxe" |
| **Baujahr:** | 2002 |
| **Leistung:** | 80 SAE-PS |
| **Hubraum:** | 1507 ccm |
| **Bauart:** | V-Zweizylinder, Viertakt |

1998 startete der Konzern Polaris Industries seine Motorradproduktion unter dem Markenlabel „Victory". Polaris ist der Weltmarktführer bei Snow-Mobilen. Anders als viele US-Derivate, die sich so genannter Harley-Klon-Motoren aus dem Aftermarket bedienten und bedienen, war Polaris Industries aufgrund seines überragenden technischen Know-hows in der Lage, von Anfang an einen selbst entwickelten Motor in seine Victory-Modelle einzubauen. Dies ist, wie könnte es in den USA anders sein, ein großvolumiger V2 mit der Bezeichnung „Freedom 92". Die 92 steht für den Hubraum von 92 Kubikinches. Doch im Gegensatz zu den altbackenen Stoßstangenmotoren von Harley war der Victory-V2 von vornherein mit modernen oben liegenden Nockenwellen und Vierventiltechnik ausgestattet.

# Victory Kingpin

Die Kingpin ist ein Zwitterwesen aus dem Tourer und der eleganten Vegas. Untypisch für Cruiser ist sie mit einer Upside-down-Gabel versehen, hat aber ansonsten alles, was ein Custom-Cruiser braucht: einen schönen, weit nach hinten gezogenen Tropfentank, ausladende, tief hinunter reichende Schutzbleche, eine edle Alu-Schwinge, feine gefräste CNC-Alu-Räder und verschiedene Custom-Lackierungen.

| | |
|---|---|
| **Modell:** | Kingpin |
| **Baujahr:** | 2005 |
| **Leistung:** | 80 SAE-PS |
| **Hubraum:** | 1507 ccm |
| **Bauart:** | V-Zweizylinder, Viertakt |

# Vincent-HRD

| | |
|---|---|
| **Modell:** | 1000 A-Twin |
| **Baujahr:** | 1937 |
| **Leistung:** | 45 PS |
| **Hubraum:** | 998 ccm |
| **Bauart:** | V-Zweizylinder, Viertakt |

Philip C. Vincent war vom „Motorradbazillus" befallen und lernte 1925 Howard R. Davies kennen, dessen HRD-Motorräder einen sehr guten Ruf genossen, er wurde Vincents Idol. Der junge Vincent stieg bei HRD ein. Die Firma in Stevenage bekam den Namen The Vincent-HRD Company Ltd. Die Geschäfte liefen gut, man entwickelte den ersten 500er-ohv-Einzylinder-Viertaktmotor. Es folgten 1937 die ersten 1000er-Vincent-HRD. Nach dem Zweiten Weltkrieg brachte Vincent 500er- und 1000er-Motorräder auf den Markt. Es waren exzellente, aber auch teure Maschinen. Dennoch legte Vincent bei jeder Maschine Geld drauf. 1955 verließ die letzte Maschine das Werk.

# Vincent 1000 Black Shadow

Topmodell im Vincent-Programm war bis zur Werkschließung 1955 die 1000 Black Shadow. Für Fahrkomfort sorgten eine bequeme Sitzbank und verbesserte Hinterradfederung. Gegenüber den Vorgängermodellen verzichtete Vincent bei der Black Shadow Serie D auf den schwarz lackierten Motor. Weiterhin blieb der „Schatten" aber das stärkste und schnellste Bike, das es damals in der Welt zu kaufen gab.

| | |
|---|---|
| **Modell:** | 1000 Black Shadow |
| **Baujahr:** | 1955 |
| **Leistung:** | 55 PS |
| **Hubraum:** | 998 ccm |
| **Bauart:** | V-Zweizylinder, Viertakt |

# Vincent 1000 Black Prince

Vincent war ständig der Zeit voraus. Auch mit seiner 1000 Black Prince. Sie war Anfang 1955 weltweit die erste Serienmaschine mit einer Vollverkleidung aus glasfaserverstärktem Kunststoff. Zum einen sollte die Verkleidung bei Regenwetter den Straßenschmutz fern halten und zum anderen bei schneller Fahrt, die Black Prince lief schließlich über 200 Sachen, vor lästigem Fahrtwind schützen. Als Zubehör gab es ab Werk sogar Packtaschen. Eine optimale Tourensport- und Reisemaschine für bequeme und ermüdungsfreie Langstreckenfahrten. Doch die Mühe war vergeblich, vom Motorradfahren wollte Mitte der 50er-Jahre kaum noch jemand etwas wissen. 1955 musste die englische Nobelmarke ihre Fabriktore für immer schließen.

| | |
|---|---|
| **Modell:** | 1000 Black Prince |
| **Baujahr:** | 1955 |
| **Leistung:** | 55 PS |
| **Hubraum:** | 998 ccm |
| **Bauart:** | V-Zweizylinder, Viertakt |

# Voxan

Selten wurde ein Newcomer in Sachen Motorradbau mit derart viel Lob überschüttet wie die französische Exklusiv-Schmiede Voxan Ende der 90er-Jahre. Leider endete der fulminante Start bereits nach knapp drei Jahren. Mitte 2003 wurde die Produktion in kleinem Stil wieder aufgenommen. Dass die Marke seit dem zwischenzeitlichen Aus nicht mehr so recht auf die Beine kam, lag sicherlich nicht an den Produkten – denn die Qualität war stets untadelig –, man bescheinigte ihr sogar „Honda-Niveau“. Auch das ungewöhnliche Design begeisterte Freunde charakterstarker Zweiräder.

| | |
|---|---|
| **Modell:** | Scrambler |
| **Baujahr:** | 2002 |
| **Leistung:** | 82 PS |
| **Hubraum:** | 996 ccm |
| **Bauart:** | V-Zweizylinder, Viertakt |

# Voxan Black Magic

Unglaublich, was sich mit dem Voxan-Baukastensystem so alles zaubern lässt. Auch die Black Magic wirkt völlig eigenständig und dürfte alle Zweiradpuristen ins Mark treffen. Die klassischen Zitate britischer Motorradikonen in Kombination mit dem kraftvollen Voxan-Look – das passt. Bislang war dieser Donnerbolzen allerdings nur auf Messen zu bewundern, eine Kleinserie sollte nach ausreichendem Bestelleingang via Internet aufgelegt werden.

| | |
|---|---|
| **Modell:** | Black Magic |
| **Baujahr:** | 2004 |
| **Leistung:** | 98 PS |
| **Hubraum:** | 996 ccm |
| **Bauart:** | V-Zweizylinder, Viertakt |

# WANDERER

Einen festen Platz in der Deutschen Zweiradindustrie hatte das Wanderer-Werk in Schönau bei Chemnitz. Ähnlich wie bei anderen Manufakturen hatten die Firmengründer Johann Baptist Winkelhofer und Richard Adolf Jaenicke ihre Karriere 1885 mit der Herstellung von Fahrrädern begonnen. Wanderer begann ab 1902 mit der Herstellung von Motorrädern. 1927 versuchte Wanderer, ein preisgünstiges Motorrad auf den Markt zu bringen. Doch 1929 stellte das Werk die Motorradproduktion ein. Das letzte Modell der renommierten Marke war die Wanderer K500 aus dem Jahr 1928.

| | |
|---|---|
| **Modell:** | K500 |
| **Baujahr:** | 1928 |
| **Leistung:** | 16 PS |
| **Hubraum:** | 498 ccm |
| **Bauart:** | Einzylinder, Viertakt |

# Yamaha

| | |
|---|---|
| **Modell:** | YA 1 |
| **Baujahr:** | 1955 |
| **Leistung:** | 5,6 PS |
| **Hubraum:** | 123 ccm |
| **Bauart:** | Einzylinder, Zweitakt |

Staatliche Subventionen erlaubten es Yamaha, die durch den Zweiten Weltkrieg beschädigten Produktionsanlagen in Hamamatsu neu zu beleben. Man entschied sich wie andere auch für den Nachbau der DKW RT125. Auf Anhieb gewann die junge Firma mit der Yamaha YA 1 zwei japanische Motorradrennen und konnte damit von der eigenen Qualität überzeugen. Aber kopieren war nicht alles, was die Japaner konnten. Schon bei der YD 1 zeigte sich, dass die Firma aus Hamamatsu ein ernst zu nehmender Motorradhersteller war. Aber erst Ende der 70er-Jahre fand man den Anschluss an die Viertakttechnik und schaffte mit dem XT-500-Eintopf eine Legende. In den Blickpunkt der Konkurrenz brachte Yamaha vor allem die FZ-Modellreihe. Sie galt mit ihren 100 PS Mitte der 80er-Jahre als die Supersport-Sensation! Die Firma engagierte sich fast immer im Motorsport. 120 Weltmeisterschaften konnte Yamaha für sich entscheiden. Namen wie Giacomo Agostini, Eddie Lawson oder Phil Read haben auf der Rennstrecke den Grundstein dafür gelegt, dass Yamaha hinter Honda zum zweitgrößten Motorradhersteller der Welt wurde.

# Yamaha YD 1

In Hamamatsu erkannte man früh, dass in mehrzylindrigen Motorrädern die Zukunft des Motorradbaus liegen sollte. Yamahas lange Geschichte der Zweizylinder begann mit dem Viertelliter-Modell YD 1. Dieses Mal konnte DKW nicht das Vorbild liefern, sodass die Ingenieure ihr Auge auf eine Adler MB 250 warfen. Damit wollte sich aber der damalige Leiter der Entwicklungsabteilung, Watase, nicht begnügen und überzeugte die Firmenleitung von der Notwendigkeit einer eigenen Entwicklung. Der Erfolg sollte ihm Recht geben, die YD 1 wurde ein Verkaufserfolg. Im Stil der Zeit wirkt der Zweizylinder mit seinem bauchigen Tank, den schwülstigen Kotflügeln, dem geschlossenen Kettenkasten und der breiten Doppelsitzbank recht barock.

| | |
|---|---|
| **Modell:** | YD 1 |
| **Baujahr:** | 1957 bis 1958 |
| **Leistung:** | 14,7 PS |
| **Hubraum** | 247 ccm |
| **Bauart:** | Zweizylinder, Zweitakt |

# Yamaha DT 2

Mit der DT 1 brachte Yamaha ihre erste Enduro auf den Markt. Die Maschine überzeugte mit ihrem schlanken Doppelschleifenrahmen und mit dem aufwändigen Fahrwerk. Mit 105 kg Trockengewicht war die Maschine nicht nur handlich, sondern auch extrem schön. Mit der 1971 eingeführten Membransteuerung war der Nachfolger DT 2 ausgestattet, ein System, das mit der DT 2 erstmals eingesetzt wurde.

| | |
|---|---|
| **Modell:** | DT 2 |
| **Baujahr:** | 1971 |
| **Leistung:** | 24 PS |
| **Hubraum:** | 250 ccm |
| **Bauart:** | Einzylinder, Zweitakt |

# Yamaha XS 650

| | |
|---|---|
| **Modell:** | XS 650 |
| **Baujahr:** | 1975 bis 1984 |
| **Leistung:** | 51 PS |
| **Hubraum:** | 653 ccm |
| **Bauart:** | Zweizylinder, Viertakt |

Der erfolgreichste Big-Twin der 70er-Jahre löste die wegen thermischer Probleme als problematisch geltende TX 750 ab. Grundstock stellte die US-amerikanische TX 650 mit optimiertem Fahrwerk dar. Mittels längerer Pleuel, kürzerer Kolben, geänderter Steuerzeiten, optimierter Schmierung, anderer Vergaser und Kupplung brachte sie es auf 51 PS und kräftige Vibrationen. Ständige Modifikationen wie unter anderen die Senkung der Leistung auf versicherungsgünstige 50 PS (1976), neue Schwimm bremssättel (1977), ein laufruhigerer Ventiltrieb (1979) ließ die Anhängerschar neun Jahre lang treu zu diesem Viertakter stehen, der heute wahren Kultcharakter genießt.

# Yamaha XT 500

Weltweit über 127 000 Mal verkauft, versah die XT ihren Dienst auf allen Pisten dieser Welt. Als Alltagsvehikel sparsamer Studenten genauso beliebt wie bei Globetrottern. Der kurzhubige ohc-Zweizylinder versah stets seine Dienste. Genauso legendär wie die Robustheit war ihr störrisches Verhalten beim Antreten des Motors. Ein Schauglas am Ventilausheber sollte Hilfestellung beim Finden des OT geben, was in der Praxis nicht spontan zum gewünschten Ergebnis führte. Fatal für das Schienbein wurde es, wenn der Dekompressionshebel nicht gezogen wurde.

| | |
|---|---|
| **Modell:** | XT 500 |
| **Baujahr:** | 1976 bis 1992 |
| **Leistung:** | 33 PS |
| **Hubraum:** | 500 ccm |
| **Bauart:** | Einzylinder, Viertakt |

# Yamaha XS 1100

Mit der XS 1100 beteiligte sich Yamaha am Wettkampf um die größte und stärkste Serienmaschine. Denn die japanische Konkurrenz stand mit Sechszylindermaschinen mächtig im Rampenlicht, und der boomende Motorradmarkt lechzte nach muskelstrotzenden Boliden. Ein leichtes Mädchen war die hubraumstärkste Serienmaschine beileibe nicht: 282 kg brachte sie auf die Waage. Und auch recht anspruchsvoll im Unterhalt: 10 Liter soff sie auf 100 km bei zügiger Fahrweise – dafür gab sie auf der Autobahn mit 200 km/h Spitzengeschwindigkeit auch den Ton an.

| | |
|---|---|
| **Modell:** | XS 1100 |
| **Baujahr:** | 1978 bis 1981 |
| **Leistung:** | 95 PS |
| **Hubraum:** | 1001 ccm |
| **Bauart:** | Vierzylinder, Viertakt |

# Yamaha XT 600

Die 1983 präsentierte XT 600 war das neue Spaßmobil für Offroad-Freunde. Mit Scheibenbremse vorne und Trommelbremse hinten und dem bereits bei der XT 600 Z eingeführten Monoshock-Federungssystem aus dem Motocross-Programm hatte sie die Vorzüge der XT 600 Z Ténéré, ohne jedoch vom Gewicht und den thermischen Problemen belastet zu sein. Das große Manko waren die Trinkgewohnheiten des Leichtgewichts; bis auf 8 Liter konnte der Verbrauch ansteigen. Weit kam man bei 11,5 Litern Tankvolumen somit nicht. Optisch überarbeitet wurde sie 1987, damit einher ging auch eine Leistungssteigerung auf 45 PS.

| | |
|---|---|
| **Modell:** | XT 600 |
| **Baujahr:** | 1984 bis 1989 |
| **Leistung:** | 44 PS |
| **Hubraum:** | 600 ccm |
| **Bauart:** | Einzylinder, Viertakt |

# YAMAHA TZR 250

Von der Rennstrecke auf die Straße: Mit dem Zweitakt-Twin zeigte Yamaha, wie leistungsfähig moderne Zweitakter aussehen. Ein membrangesteuerter, Power-Valve-optimierter und flüssigkeitsgekühlter Zweizylinder-Reihenmotor ließ die 144 kg leichte Maschine 183 km/h rennen, im täglichen Straßenverkehr lief sie erstaunlich ruhig und kultiviert. Die TZR 250 zählte zu den ganz heißen Geräten ihrer Zeit.

| | |
|---|---|
| **Modell:** | TZR 250 |
| **Baujahr:** | 1987 bis 1989 |
| **Leistung:** | 45 PS |
| **Hubraum:** | 249 ccm |
| **Bauart:** | Zweizylinder, Zweitakt |

# Yamaha XV 535 Virago

Die Virago XV 535 mit Kardanantrieb war ein großer Wurf und gehört zu den erfolgreichsten Yamaha-Modellen aller Zeiten. Neben der XV 500 und XV 1000 bediente man mit dem aufgebohrten Halbliter-70-Grad-V-Twin nun auch die Mittelklasse-Chopperfahrer. Der Tropfentank, die beiden verchromten Luftfiltergehäuse-Attrappen und die Schalldämpfer mit abgeschrägten Ecken im Side-Pipe-Look, Speichenräder, reichlich Chrom und poliertes Aluminium unterstrichen die Chopper-Optik.

| | |
|---|---|
| **Modell:** | XV 535 Virago |
| **Baujahr:** | 1987 bis 2000 |
| **Leistung:** | 46 PS |
| **Hubraum:** | 598 ccm |
| **Bauart:** | V-Zweizylinder, Viertakt |

# Yamaha SR 500

Nach der erfolgreichen Einführung des Viertakt-Einzylinders XT 500 dauerte es nur zwei Jahre, bis der Enduro eine Straßenmaschine an die Seite gestellt wurde. Neu waren die hydraulische Scheibenbremse vorne, die von Anfang an auf 12 V ausgelegte Elektrik und dic wartungsfreie Transistorzündung. 20 Jahre wurde die Schöne mit dem eleganten Tropfentank produziert und dabei ständig verbessert, 1979 führte sie sogar die bundesdeutsche Zulassungsstatistik an.

| | |
|---|---|
| **Modell:** | SR 500 |
| **Baujahr:** | 1978 bis 1999 |
| **Leistung:** | 32 PS |
| **Hubraum:** | 499 ccm |
| **Bauart:** | Einzylinder, Viertakt |

# Yamaha XTZ 750 Super Ténéré

| | |
|---|---|
| **Modell:** | XTZ 750 Super Ténéré |
| **Baujahr:** | 1989 bis 1999 |
| **Leistung:** | 69 PS |
| **Hubraum:** | 749 ccm |
| **Bauart:** | Einzylinder, Viertakt |

Yamahas Antwort auf die hubraumstarken Reise-Enduros von BMW und Honda hieß Super Ténéré, und die Anspielung auf Erfolge bei den Wüstenrallyes war nicht zufällig. Das Herz war ein neu entwickelter Zweizylinder-Reihenmotor. Dank gut funktionierendem Flüssigkeits-Kühlsystem war die Ténéré sowohl im Geländebetrieb als auch auf der Autobahn (180 km/h!) standfest und mit 69 PS die leistungsstärkste Enduro ihrer Zeit. Mit einer Sitzhöhe von 865 mm war sie bequem zu besteigen, und der tiefe Schwerpunkt machte sie gut handhabbar.

# Yamaha TRX 850

Ein sportlicher Twin auf Ducati-Jagd war die Vorgabe an die Ingenieure. Mit einem V-Twin konnte Yamaha nicht dienen, sondern der Reihen-Zweizylinder aus der TDM-Palette musste Mitte der 90er das angesagte Sportsegment bedienen. Ein „neuer Sport-Twin mit eigenständigem Charakter“ sollte es laut Pressetext sein, eher war es ein Reihen-Twin, der sich die Charakteristik eines V-Twins auferlegte. Die Tarnung war durch versetzte Hubzapfen auf der Kurbelwelle möglich, sodass die Zündung nicht mehr bei 360 Grad Kurbelwellenumdrehung erfolgte, sondern um 270 Grad sowie 450 Grad versetzt.

| | |
|---|---|
| **Modell:** | TRX 850 |
| **Baujahr:** | 1996 bis 1999 |
| **Leistung:** | 83 PS |
| **Hubraum:** | 849 ccm |
| **Bauart:** | Zweizylinder, Viertakt |

# Yamaha XJ 900 S Diversion

Bereits seit 1994 hatte Yamaha den Nachfolger der XJ 900 F im Programm – die XJ 900 S Diversion. Im Stil der 1991 präsentierten 600er-Diversion war die 900er hierzulande genau zehn Jahre im Programm. Als problemloses Reisemotorrad mit Kardanantrieb hatte die knapp 90 PS starke XJ nicht nur in Deutschland zahlreiche überzeugte Anhänger.

| | |
|---|---|
| **Modell:** | XJ 900 S Diversion |
| **Baujahr:** | 1999 |
| **Leistung:** | 89 PS |
| **Hubraum:** | 892 ccm |
| **Bauart:** | Reihen-Vierzylinder, Viertakt |

# Yamaha YZF-R7

Mit der 1999 präsentierten R7 strebte Yamaha den Titelgewinn in der Superbike-WM an. Das gelang zwar nicht, aber immerhin konnte der Japaner Haga mit der R7 in der Saison 2000 den Vizeweltmeistertitel für Yamaha einfahren. Yamaha bot das Homologations-Modell mit 106 PS an. Es war eine Leistungssteigerung auf 163 und sogar 177 PS möglich.

| | |
|---|---|
| **Modell:** | YZF-R7 |
| **Baujahr:** | 1999 |
| **Leistung:** | bis zu 177 PS |
| **Hubraum:** | 749 ccm |
| **Bauart:** | Reihen-Vierzylinder, Viertakt |

# Yamaha FZS 600 Fazer

1998 debütierte ein völlig neuer Mittelklasse-Allrounder: die Yamaha FZS 600 Fazer. In einen einfachen Stahlrohrrahmen steckten die Japaner den quirligen, für seinen neuen Einsatzzweck drehmomentoptimierten 600er-Reihen-Vierzylinder der Thundercat. Mit hervorragenden Bremsen und einem spielerischen Handling ausgestattet, konnte sich die Fazer auf Anhieb unter den zehn meistverkauften Modellen in Deutschland platzieren.

| | |
|---|---|
| **Modell:** | FZS 600 Fazer |
| **Baujahr:** | 2000 |
| **Leistung:** | 95 PS |
| **Hubraum:** | 599 ccm |
| **Bauart:** | Reihen-Vierzylinder, Viertakt |

# Yamaha YZF-R1

| | |
|---|---|
| **Modell:** | YZF-R1 |
| **Baujahr:** | 2000 |
| **Leistung:** | 150 PS |
| **Hubraum:** | 998 ccm |
| **Bauart:** | Reihen-Vierzylinder, Viertakt |

Als Nachfolgerin der 1000er-Thunderace präsentierte Yamaha auf der Mailänder EICMA im Jahre 1997 die YZF-R1. Mit diesem Modell schuf Yamaha eine Ikone unter den modernen Supersport-Motorrädern. 150 PS bei einem Trockengewicht von 177 kg, verpackt in einem superscharf geschnittenen Design – mit der R1 legte Yamaha die Messlatte für die Konkurrenz gleich um zwei Stufen höher.

# Yamaha YZ 426 F

Als reine Wettbewerbsmaschinen konzipiert, sorgten auch die YZ-Viertakt-Modelle für Aufsehen. Bereits in der ersten Saison konnte Andrea Bartolini mit seiner YZ 400 F den Motocross-WM-Titel für Yamaha einfahren. Doch die Japaner ruhten sich nicht auf ihren Lorbeeren aus und überarbeiteten das Weltmeister-Bike für die Saison 2000 grundlegend. Der Hubraum wuchs durch eine Erhöhung der Bohrung auf 426 ccm, was sich auch in der neuen Namensgebung bemerkbar machte. Auch sonst legten die Yamaha-Techniker kräftig Hand an und spendierten der YZ unter anderem leichtere Federelemente, einen neuen Auspuff, eine verstärkte Kupplung, einen neuen Vergaser sowie eine kürzere Übersetzung für die ersten beiden Gänge.

| | |
|---|---|
| **Modell:** | YZ 426 F |
| **Baujahr:** | 2001 |
| **Leistung:** | 58 PS |
| **Hubraum:** | 426 ccm |
| **Bauart:** | Einzylinder, Viertakt |

# Yamaha FJR 1300

Auf der Intermot 2000 präsentierte Yamaha einen neuen Sporttourer, der die Konkurrenz das Fürchten lehrte. Die FJR 1300 besaß als Nachfolger der FJ-Baureihe alle Voraussetzungen, um Klassenprimus bei den sportlichen Tourenmotorrädern zu werden: Einen kompakten Alubrückenrahmen, einen potenten Reihen-Vierzylinder, Einspritzung und zwei geregelte Katalysatoren sowie einen wartungsarmen Kardanantrieb. Da sie mit einem Trockengewicht von knapp 240 kg verhältnismäßig leicht geraten war, spielte die FJR auch fahrdynamisch in einer anderen Liga.

| | |
|---|---|
| **Modell:** | FJR 1300 |
| **Baujahr:** | 2001 |
| **Leistung:** | 145 PS |
| **Hubraum:** | 1298 ccm |
| **Bauart:** | Reihen-Vierzylinder, Viertakt |

# Yamaha YZF-R6

| | |
|---|---|
| **Modell:** | YZF-R6 |
| **Baujahr:** | 2003 |
| **Leistung:** | 123 PS |
| **Hubraum:** | 599 ccm |
| **Bauart:** | Reihen-Vierzylinder, Viertakt |

Seit 1998 bot Yamaha mit der YZF-R6 auch in der 600er-Supersportklasse ein scharfes Renngerät an. Der Supersport-Weltmeistertitel von Jörg Teuchert 2000 zeigte das Potenzial der Maschine eindrucksvoll auf. Zur Saison 2003 wurde der R6 eine umfassende Renovierung zuteil: neues Design, komplett überarbeiteter – nun mit Einspritzanlage ausgestatteter – Motor, ein im Leichtmetall-Druckgussverfahren hergestellter Deltabox-III-Rahmen, geänderte Fahrwerksgeometrie und vieles mehr trugen dazu bei, dass die R6 auch weiterhin ganz vorne dabeiblieb.

# Yamaha Road Star Warrior

Um im Nischensegment der Power-Cruiser ein adäquates Modell anbieten zu können, pflanzte Yamaha 2002 den – kräftig aufgebohrten – V2-Motor der „normalen" 1600er-Wild Star in einen flach bauenden Doppelschleifenrahmen aus Leichtmetall. Mit nunmehr 1670 ccm Hubraum gesegnet, geht der Twin mit satten 85 PS zur Sache. Die Kraftübertragung erfolgt nicht – wie bei den anderen Road-Star-Modellen – mittels Kardanwelle, sondern wie bei Harley-Davidson üblich, über einen Zahnriemen.

| | |
|---|---|
| **Modell:** | Road Star Warrior |
| **Baujahr:** | 2003 |
| **Leistung:** | 86 PS |
| **Hubraum:** | 1670 ccm |
| **Bauart:** | V-Zweizylinder, Viertakt |

# Yamaha XT 660 R

Nach fast 15-jähriger Bauzeit erhielt die XT 600 im Jahre 2004 endlich einen von Grund auf neu konstruierten Nachfolger. Der nun wassergekühlte Eintopf verfügt über mehr Hubraum, mehr Leistung und wird jetzt via Einspritzung versorgt. Die Leistungsausbeute ist mit 48 PS nicht berauschend, berücksichtigt aber die strengen Abgasgrenzwerte. Mit dem neuen Motor kehrte Yamaha von der Fünfventil- zur Vierventiltechnik zurück.

| | |
|---|---|
| **Modell:** | XT 660 R |
| **Baujahr:** | 2004 |
| **Leistung:** | 48 PS |
| **Hubraum:** | 659 ccm |
| **Bauart:** | Einzylinder, Viertakt |

# Yamaha YZF-R1

Fiel der Leistungssprung beim letzten Generationswechsel der R1 mit gerade mal 2 PS recht gering aus, so legten sich die Yamaha-Techniker für die Generation ab 2004 richtig ins Zeug: Volle 20 PS Leistungszuwachs bei unverändertem Hubraum und nochmals 8 PS mehr bei vollem Staudruck des Ram-Air-Systems ergeben unglaubliche 175 PS. Und das bei einem Trockengewicht von 172 kg, das die 2004er-R1 unter anderem dem superschlanken Deltabox-V-Rahmen verdankt. Mit einem Leistungsgewicht von 1 PS pro kg erreicht Yamahas sportliches Flaggschiff eine Dynamik, die neue Maßstäbe im Motorradbau setzt.

| | |
|---|---|
| **Modell:** | YZF-R1 |
| **Baujahr:** | 2004 |
| **Leistung:** | 175 PS |
| **Hubraum:** | 998 ccm |
| **Bauart:** | Reihen-Vierzylinder, Viertakt |

# Yamaha XJR 1300

Dieses muskulöse Kraftrad findet sich bereits seit 1994 im Yamaha-Programm. Zunächst mit 1200 ccm angetreten, bekam die XJR 1998 einen Hubraumzuschlag auf 1300 ccm. Zuerst stammte das Triebwerk aus der 1200er-FJ, wurde für den Einsatz in der XJR jedoch tiefgreifend überarbeitet. Mit 106 PS kommt das luftgekühlte Vierventiltriebwerk jederzeit zur Sache, und eine Höchstgeschwindigkeit von 210 km/h ist für ein klassisches Straßenmotorrad mehr als ausreichend.

| | |
|---|---|
| **Modell:** | XJR 1300 |
| **Baujahr:** | 2005 |
| **Leistung:** | 106 PS |
| **Hubraum:** | 1251 ccm |
| **Bauart:** | Reihen-Vierzylinder, Viertakt |

# ZÜNDAPP

Unter dem Namen „Zündapp“ begann man ab 1919 Motorräder zu bauen. Ein Verkaufsschlager wurde ab 1925 die EM 250. Zündapp-Kräder waren robust und zuverlässig, und schon bald waren die Nürnberger zweitgrößter Motorradhersteller in Deutschland. Die Sensation präsentierte Zündapp 1933 mit der neuen K-Baureihe. Zur Legende wurde die ab 1938 produzierte KS-600-Zweizylinder-Boxermaschine. Sie wurde Urahnin des nach dem Zweiten Weltkrieg so beliebten „Grünen Elefanten“ KS 601. Die Nachkriegsfertigung begann bei Zündapp 1947 mit bewährten Zweitakt-Modellen. Aber schon 1950 stand die KS 601 bei den Händlern. Bald gab es von Zündapp ein breit gefächertes Motorradangebot. Im Geländesport hatte man ebenfalls die Nase vorne. In den 60er- und 70er-Jahren machte man noch einmal das große Geschäft mit Mopeds und Kleinkrafträdern. Damit war es in den 80er-Jahren dann auch vorbei, der Markt war zusammengebrochen, und 1984 wurde das Werk nach China verkauft.

| | |
|---|---|
| **Modell:** | K 601 Gespann |
| **Baujahr:** | 1950 |
| **Leistung:** | 28 PS |
| **Hubraum:** | 597 ccm |
| **Bauart:** | Zweizylinder-Boxer, Viertakt |

# Zündapp 250 S Trophy

Geländesport wurde bei Zündapp stets groß geschrieben. Herausragende Erfolge erzielte das Werk über Jahre hinweg bei der prestigeträchtigen Internationalen Sechs-Tage-Fahrt, 1957 gewann die Zündapp-Werkmannschaft die Sixdays-Trophy in der CSSR. Die Erfahrungen aus den harten Wettbewerbseinsätzen flossen in die Serienfertigung, und ab 1958 stand die Zündapp 250 S Trophy bei den Händlern im Schaufenster. Der robuste Einzylinder-Zweitaktmotor brachte es auf 14,5 PS, und mit „angelegten Ohren" lief die Trophy 110 Sachen.

| | |
|---|---|
| **Modell:** | 250 S Trophy |
| **Baujahr:** | 1958 |
| **Leistung:** | 14,5 PS |
| **Hubraum:** | 245 ccm |
| **Bauart:** | Einzylinder, Zweitakt |

# Zündapp GS 50 Geländesport

In den 60er- und 70er-Jahren boomte ein gewaltiges Leichtkraftradgeschäft. Namhafte Hersteller waren Kreidler, Hercules, Sachs, DKW, Maico, Puch und Zündapp. Die Zündapp KS 50 lief wie der Teufel und stand bei der damaligen mopedverrückten Jugend hoch im Kurs. Werkseitig beteiligte sich Zündapp mit großem Engagement bei Geländewettbewerben. Die GS 50 fuhr viele Siege ein und konnte oft die Internationale Sechs-Tage-Fahrt gewinnen.

| | |
|---|---|
| **Modell:** | GS 50 Geländesport |
| **Baujahr:** | 1966 |
| **Leistung:** | 5,25 PS |
| **Hubraum:** | 49 ccm |
| **Bauart:** | Einzylinder, Zweitakt |